U0264687

钳工基本操作技能训练

（修订本）

主　编　梁　梅
副主编　杨晓红　李晋武

北京交通大学出版社

·北京·

内容简介

本书围绕劳动和社会保障部颁发的《钳工职业技能鉴定规范》组织内容,由钳工操作基础知识和钳工操作项目实训两部分组成。

钳工操作基础知识部分主要介绍钳工应掌握的各项基本操作技能及相关的理论知识,主要内容包括钳工的安全文明操作规程、钳工基础知识、常用量具的使用与保养、划线、锯削、锉削、钻孔和攻螺纹等。钳工操作项目实训部分精选 8 个项目,以任务驱动的项目式教学模式,通过实用性零部件的制作,使学生学会处理生产现场的技术问题,有助于培养学生在生产现场工作的能力。

本书中的实训项目能满足各类装配钳工技能大赛的教学需要,也满足国家各类装配钳工中级工技术考核标准的教学需要,是一本理想的职业院校钳工实训教材。

图书在版编目(**CIP**)数据

钳工基本操作技能训练 / 梁梅主编. — 北京:北京交通大学出版社,2017.3(2022.8 修订)
ISBN 978-7-5121-3159-0

Ⅰ. ① 钳… Ⅱ. ① 梁… Ⅲ. ① 钳工-基本知识 Ⅳ. ① TG9

中国版本图书馆 CIP 数据核字(2017)第 022308 号

钳工基本操作技能训练
QIANGONG JIBEN CAOZUO JINENG XUNLIAN

责任编辑:陈跃琴
出版发行:北京交通大学出版社　　　　　　电话:010-51686414　　http://www.bjtup.com.cn
地　　址:北京市海淀区高梁桥斜街 44 号　　邮编:100044
印 刷 者:艺堂印刷(天津)有限公司
经　　销:全国新华书店
开　　本:185 mm×230 mm　　印张:7.25　　字数:173 千字
版 印 次:2022 年 8 月第 1 版第 1 次修订　　2022 年 8 月第 2 次印刷
定　　价:19.00 元

本书如有质量问题,请向北京交通大学出版社质监组反映。对您的意见和批评,我们表示欢迎和感谢。
投诉电话:010-51686043,51686008;传真:010-62225406;E-mail:press@bjtu.edu.cn。

前　言

　　目前，高职高专教育已经成为我国普通高等教育的重要组成部分。根据教育部发布的《关于全面提高高等职业教育教学质量的若干意见》的文件精神，同时针对高职高专院校机电一体化、铁路机车车辆、城市轨道交通车辆等专业教学思路和方法的改革创新，特精心策划了这本适合职业教育的《钳工基本操作技能训练》，用以全面提高学生的专业操作技能。本书结合职业技术院校学生的实际情况，内容结构安排上力求做到简明、实用；理论内容以应用为目的，进一步突出专业操作技能，促进理论与实践的紧密结合，增强实用性与适用性。

　　本书由梁梅任主编，杨晓红、李晋武任副主编，定稿为新疆铁道职业技术学院梁梅，审稿为新疆铁道职业技术学院杨晓红。本书在编写过程中得到了新疆铁道职业技术学院领导及新疆铁道职业技术学院城市轨道交通系的大力支持，在此谨致谢意。

　　由于时间仓促，编者水平和经验有限，书中难免有欠妥和不足之处，恳请广大师生和读者予以批评指正。

梁　梅

2017 年 1 月

目　　录

第2部分 钳工操作项目实训

第 1 部分

钳工操作基础知识

第1章

钳工的安全文明操作规程

（1）着装整洁，符合规定，保持工作环境清洁有序。

（2）实习场地的设备布局要合理。钳台要放在便于工作和光线适宜的地方；钻床和砂轮机一般安放在场地的边缘，工作方向不准对准操作人员，以保证安全。

（3）操作前，应先熟悉图样、工艺文件及有关技术要求，严格按规定加工。

（4）使用的机床、工具要经常检查，发现损坏应及时上报，在未修复前不得使用。

（5）使用电动工具时，要有绝缘防护和安全接地措施。使用砂轮机时，要戴好防护镜。

（6）毛坯或加工零件应放在规定位置，排列整齐稳固，便于取放，并避免已加工表面被碰伤。

（7）工量具的安放，应按下列要求布置：

① 在钳台上工作时，为了取用方便，左手取用的工量具放在左边，右手取用的工量具放在右边，各自排列整齐，且不能伸出钳台边缘以外，如图 1.1.1 所示；

② 量具不能与工具或工件混放在一起，应放置在量具盒或专用架上；

③ 常用的工量具要放在工作位置附近；

④ 工量具要整齐放入工具箱内（见图 1.1.2），不得任意堆放，以防损坏和取用不便。

（8）工作完毕，所有设备、工具应清理和维护保养，场地清扫干净。

图 1.1.1　工量具在钳台上的摆放

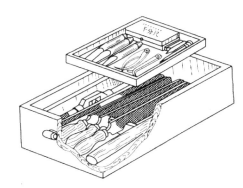

图 1.1.2　工量具在工具箱中的放置

第 2 章

钳工基础知识

2.1　钳工常用设备

1. 钳工工作台

　　钳工工作台是钳工常用设备之一，又称钳工台、钳台或钳桌，如图 1.2.1 所示。钳工工作台用来安装台虎钳，放置工具和工件等，其高度为 800～900 mm。装上台虎钳后，应能达到适合操作者工作的高度，一般以钳口高度齐人手肘为宜，长度和宽度随工作需要而定。

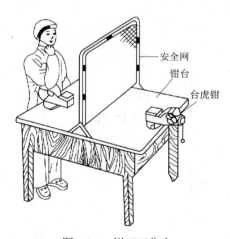

图 1.2.1　钳工工作台

2. 台虎钳

　　台虎钳是用来装夹工件的通用夹具，有固定式和回转式两种，如图 1.2.2 所示。

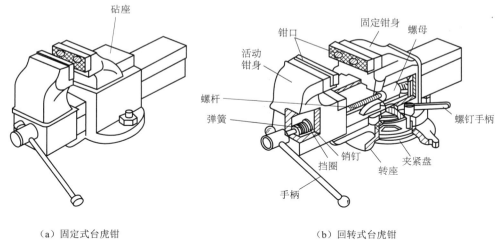

（a）固定式台虎钳　　　　　　　　　　（b）回转式台虎钳

图 1.2.2　台虎钳

回转式台虎钳的构造和工作过程如下：如图 1.2.2（b）所示，活动钳身通过其上面的导轨与固定钳身的导轨面配合滑动；螺杆装在活动钳身上，可以旋转，但不能沿轴向移动，并与安装在固定钳身内的螺母配合；当摇动手柄使螺杆旋转时，就可带动活动钳身相对于固定钳身做进退移动，从而夹紧或放松工件；弹簧靠挡圈和销钉固定在螺杆上，其作用是当旋松螺杆时，可使活动钳身能及时退出；在固定钳身和活动钳身上各装有钢质钳口，并用螺钉固定。钳口的工作面上制有交叉的网纹，使工件夹紧后不易产生滑动，并且钳口经过热处理淬硬，具有较好的耐磨性；固定钳身装在转座上，能绕转座中心转动，当转到要求的方向时，扳动锁紧螺钉手柄使锁紧螺钉旋紧，即可在夹紧盘的作用下把固定钳身紧固；转座上有三个螺栓孔，用以通过螺栓与钳台固定。

台虎钳的规格以钳口的宽度表示，有 100 mm（4 in）、125 mm（5 in）、150 mm（6 in）等。

台虎钳在钳台上安装时，必须使固定钳身的钳口工作面处于钳台边缘以外，以保证垂直夹持长条形工件时，工件的下端不受钳台边缘的阻碍。

3. 砂轮机

砂轮机用来刃磨钻头等刀具或其他工具，由电动机、砂轮、机架和底座组成，如图 1.2.3 所示。

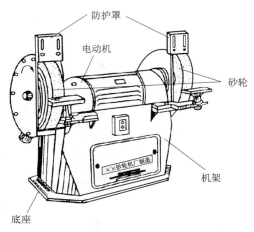

防护罩
电动机
砂轮
机架
底座

图 1.2.3　砂轮机

砂轮机中的砂轮较脆，转速很高，使用时应严格遵守安全操作规程，具体如下：

（1）砂轮的旋转方向要正确，只能使磨屑向下飞离砂轮；

（2）砂轮机启动后，应在砂轮旋转平稳后再进行磨削，若砂轮跳动明显，应及时停机修理；

（3）砂轮机机架和砂轮之间应保持 3 mm 的距离，以防工件扎入，造成事故；

（4）磨削时应在砂轮圆周上磨削；操作者应站立在砂轮机的侧面，且用力不宜过大。

4. 钻床

钻床用于对工件进行各类圆孔的加工，有台式钻床、立式钻床和摇臂钻床等，如图 1.2.4 所示。

（a）台式钻床　　　　　　　（b）立式钻床　　　　　　　（c）摇臂钻床

图 1.2.4　钻床

2.2　钳工的特点

1. 钳工的主要任务

随着机械工业的发展，许多繁重的工作已由机械加工所代替，但那些精度高、形状复杂零件的加工及设备安装调试和维修是机械加工难以完成的，这些工作仍需要钳工精湛的技艺来完成。因此，钳工是机械制造业中不可缺少的工种。钳工的主要任务包括加工零件、装配、设备维修、工具的制造和修理等。

（1）加工零件。一些采用机械方法不适宜或不能进行的加工，都可由钳工来完成。如划线、精密加工及检验和修配等。

（2）装配。将零件按机械设备的装配技术要求进行组件装配、部件装配和总装配，并经过调整、检验和试车，使之成为合格的机械设备。

（3）设备维修。当机械设备在使用时出现故障、损坏或因精度降低而影响使用时，可通过钳工进行维护和修理。

（4）工具的制造和修理。制造和修理各种工具、夹具、量具、模具及各种专用设备。

作为钳工，必须掌握好钳工的各项基本操作技能。其内容一般有划线、锯削、锉削、钻孔、扩孔、铰孔、攻螺纹、套螺纹等。

2. 钳工的种类

随着钳工的工作范围越来越广泛，需要掌握的理论知识和操作技能也越来越复杂，于是产生了专业性的分工，以适应不同工作的需要。钳工按工作的内容、性质来分，主要有以下三类。

（1）普通钳工。是指使用钳工工具、钻床按技术要求对工件进行加工、修整、装配的人员，主要从事机器或部件的装配、调整工作和一些零件的钳工加工工作。

（2）机修钳工。主要从事各种机械设备的维护和修理工作。

（3）工具、模具钳工。主要从事工具、模具、刀具的制造和修理工作。

2.3　思考题

（1）简述台虎钳的功用及安全操作注意事项。

（2）简述台式钻床的功用与安全操作事项。

（3）简述砂轮机的功用与安全操作事项。

第3章

常用量具的使用与保养

3.1 量具类型和长度单位基准

1. 量具类型

为了确保零件和产品的质量，必须使用量具来进行测量。用来测量、检验零件及产品尺寸和形状的工具称为量具。量具的种类很多，根据其用途和特点，可分为 3 种类型。

（1）万能量具。万能量具有刻度，在测量范围内可以测量零件和产品的形状及尺寸的具体数值，如游标卡尺、千分尺、百分表和万能角度尺等。

（2）专用量具。专用量具不能测出零件的实际尺寸，只能测定零件和产品的形状及尺寸是否合格，如卡规、塞规等。

（3）标准量具。标准量具只能制成某一固定的尺寸，通常用来校对或调整其他量具，也可以作为标准与被测量件进行比较，如量块。

2. 长度单位基准

测量的实质是将被测量的参数与一标准量进行比较的过程。因此，必须有一个精密准确的基标，即长度单位基准。

现在国际上把光在真空中（1/299 792 458）s 所经过的行程作为量度长度的标准，称为米。国际长度标准采用 ^{86}Kr 光波自然基准器确定，它的性能稳定，测量精度可达 0.001 μm（微米），不怕损坏，只要有氪同位素，各国都可以复制使用。

目前我国法定的长度单位名称和代号见表 1.3.1。

表 1.3.1 长度计量单位

单位名称	符号	对基准单位的比	单位名称	符号	对基准单位的比
米	m	1	分米	dm	10^{-1}（0.1 m）

续表

单位名称	符号	对基准单位的比	单位名称	符号	对基准单位的比
厘米	cm	10^{-2} （0.01 m）	忽米[①]	cmm	10^{-5} （0.000 01 m）
毫米	mm	10^{-3} （0.001 m）	微米	μm	10^{-6} （0.000 001 m）
丝米[①]	dmm	10^{-4} （0.000 1 m）			

① 丝米、忽米不是法定的计量单位，工厂里有时采用。

在实际工作中，有时还会遇到英制尺寸，常用的有 ft（英尺）、in（英寸）等，其换算关系为 1 ft=12 in。英制尺寸常以英寸为单位。

为了工作方便，可将英制尺寸换算成米制单位。因为 1 in=25.4 mm，所以英寸乘以 25.4 就可以换算成以毫米为单位了，如（1/8）in 换算成米制尺寸：25.4 mm×1/8=3.175 mm。

3.2 游标卡尺

游标卡尺是一种中等精度的量具，结构简单，使用方便，可以用来测量零件的外径、内径、长度、宽度、厚度、深度和孔距等，应用范围很广。

1. 游标卡尺的结构

图 1.3.1 所示为一种常用的轻巧型游标卡尺，它制成带有刀口形的上、下量爪和带有深度尺的形式；上量爪可测量孔径、孔距和槽宽等；下量爪可测量圆柱的外径和工件的长度等；深度尺用来测量孔和沟槽的深度。

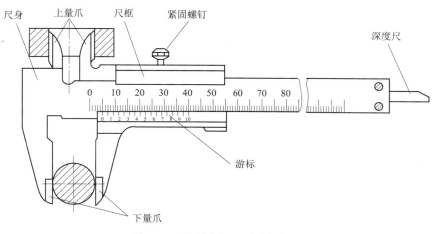

图 1.3.1 常用的轻巧型游标卡尺

目前机械加工中常用精度为 0.02 mm 的游标卡尺。

2. 游标卡尺的刻线原理和读数方法

1）游标卡尺的刻线原理

如图 1.3.2（a）所示，主尺每小格 1 mm，当两爪合并时，游标上的 50 格刚好等于主尺上的 49 mm，则游标每格间距为：

$$1 \text{ mm} - \frac{49 \text{ mm}}{50} = 1 \text{ mm} - 0.98 \text{ mm} = 0.02 \text{ mm}$$

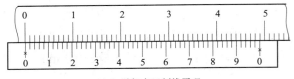　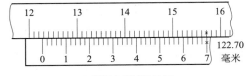

（a）游标卡尺刻线原理　　　　　　　　　　（b）游标卡尺读数示例

图 1.3.2　游标零位和读数举例

2）游标卡尺的读数方法

游标卡尺的读数方法如下：

（1）读出游标上零线在尺身上的毫米数；

（2）观察游标上哪一条刻线与尺身对齐；

（3）把尺身和游标上的两尺寸加起来，即为测量尺寸。

在图 1.3.2（b）中，游标零线在 122 mm 与 123 mm 之间，所以被测尺寸的整数部分为 122 mm；游标上数字为 7 的刻线，即 35 格刻线与主尺刻线对齐，小数部分为 35×0.02 mm=0.70 mm，被测尺寸为：

$$122 \text{ mm} + 0.70 \text{ mm} = 122.70 \text{ mm}$$

3. 游标卡尺的使用

游标卡尺的使用方法如下：

（1）测量前，先把游标卡尺擦拭干净；检验量爪紧密贴合时是否有明显缝隙；检查尺身和游标的零位是否对准；最后检查被测量面是否平直无损。

（2）移动尺框时，活动要自如，不应过松或过紧，更不能有晃动现象。用紧固螺钉固定尺框时，卡尺的读数不应有所改变。在移动尺框时，不要忘记松开紧固螺钉，但亦不宜过松。

（3）测量工件的外表面尺寸时，量爪的张开尺寸应大于工件的外表面尺寸，以便量爪两侧自由地在工件表面滑动。测量时，可以轻轻摇动卡尺，放正垂直位置，如图 1.3.3、图 1.3.4 所示。同样，测量工件的内表面尺寸时，量爪的张开尺寸应小于工件的尺寸。

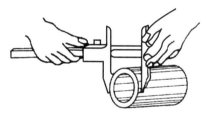
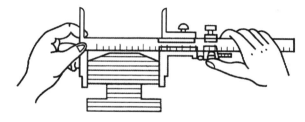

图 1.3.3　游标卡尺测量外圆直径方法　　　图 1.3.4　游标卡尺测量宽度方法

4. 使用注意事项

使用游标卡尺时，注意事项如下：

（1）游标卡尺是一种中等精度的量具，不能用来测量精度要求高的零件，也不能用来测量毛坯件；

（2）测量工件时，量爪的两侧面应与被测表面贴合，不能歪斜；

（3）使用游标卡尺时，不允许过分施加压力，以免卡尺弯曲或磨损；

（4）测量工件外表面时，尽量用量爪的平面测量刃进行测量；如果测量弧形沟槽的直径，应该用量爪的刀口测量刃进行测量；

（5）读数时，应尽可能使人的视线与卡尺刻线表面保持垂直，以免造成读数误差。

3.3　千分尺

千分尺是应用螺旋测微原理制成的量具，测量精度比游标卡尺高，可达到 0.01 mm。千分尺的种类很多。图 1.3.5 所示为常用的外径千分尺。

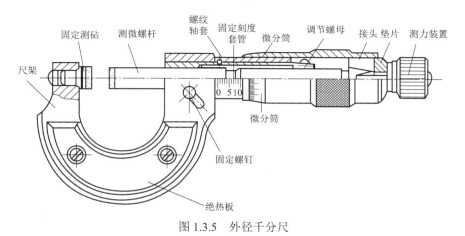

图 1.3.5　外径千分尺

1. 外径千分尺的结构

外径千分尺由尺架、测微螺杆、测力装置等组成。尺架的一端装着固定测砧，另一端装着测微螺杆。固定测砧和测微螺杆的测量面上都镶有硬质合金，以提高测量面的使用寿命。尺架的两侧面覆盖有绝热板，使用千分尺时，手握在绝热板上，可防止人体的热量影响千分尺的测量精度。测力装置包括棘轮和棘轮盘，用于紧固被测物体。

2. 千分尺的工作原理和读数方法

1）工作原理

千分尺两测砧面之间的距离，就是零件的测量尺寸。当测微螺杆在螺纹轴套中旋转时，由于螺旋线的作用，测微螺杆做轴向移动，使两测砧面之间的距离发生变化。常用千分尺测微螺杆的螺距为 0.5 mm，当微分筒转一周时，测微螺杆就推进或后退 0.5 mm，微分筒圆周上有 50 格，当微分筒转一格时，两测砧面之间的距离变化为：

$$0.5 \text{ mm} \div 50 = 0.01 \text{ mm}$$

2）读数方法

千分尺的读数方法为：

（1）读出微分筒边缘在固定刻度套管上的毫米数和半毫米数；

（2）看微分筒上哪一格与固定刻度套管上的基准线对齐，读出不足半毫米的数；

（3）把两个读数加起来，即为千分尺的读数。千分尺的读法示例如图 1.3.6 所示。

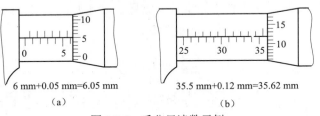

6 mm+0.05 mm=6.05 mm   35.5 mm+0.12 mm=35.62 mm

（a）   （b）

图 1.3.6   千分尺读数示例

图 1.3.6（a）中，在固定刻度套管上读出的尺寸为 6 mm，微分筒上读出的尺寸为 5（格），与之对应的两测砧面间的距离为：5×0.01 mm=0.050 mm，以上两数相加即得被测零件的尺寸为 6.05 mm。

图 1.3.6（b）中，在固定刻度套管上读出的尺寸为 35.5 mm，在微分筒上读出的尺寸为 12（格），对应的两测砧面间的距离为：12×0.01 mm=0.12 mm，以上两数相加即得被测零件的尺寸为 35.62 mm。

3. 千分尺的使用

用千分尺测量工件时，一般用单手或双手操作，正确的使用方法如图 1.3.7 所示，具体如下：

（1）千分尺常用规格为 0～25 mm、25～50 mm、50～75 mm、75～100 mm 等，间隔 25 mm，使用时应根据被测工件的尺寸选择相应的千分尺。

（2）使用前应把千分尺测砧面擦拭干净，校准零线。使用 0～25 mm 千分尺时应将两测量面接触校准零线，其他千分尺则用标准样棒来校准。如果零线对不准，则可松开罩壳，略转套管，使零线对齐。

（3）实际测量时，将工件被测表面擦拭干净，并将工件置于外径千分尺两测砧面之间，使测量轴线与工件中心线垂直或平行。

（4）测砧与工件接触后，旋转微分筒（副尺），使砧端与工件测量表面接近，这时旋转棘轮盘，直到棘轮发出 2～3 声"咔咔"响时为止，然后旋紧固定螺钉。

（5）轻轻取下千分尺，这时外径千分尺指示数值就是所测量工件的尺寸。

（6）使用完毕后，应将外径千分尺擦拭干净，涂油后存放于盒内。

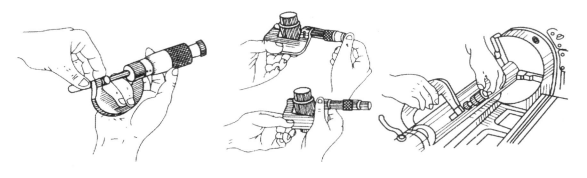

图 1.3.7　千分尺的使用方法

4. 使用注意事项

使用千分尺时，注意事项如下：

（1）使用前必须校准零位；

（2）测量前，千分尺测量面和工件被测量面应擦拭干净；

（3）测量时，千分尺要放正，不得歪斜；

（4）测量读数时要特别注意半毫米刻度的读取；

（5）不得用千分尺测量毛坯，不得在工件转动时测量工件尺寸，以免影响测量精度。

3.4   角尺

角尺是钳工常用的测量工具，主要有圆柱角尺、刀口角尺、矩形角尺、铸铁角尺和宽座角尺。常用的角尺为 90° 角尺，如图 1.3.8（a）所示。90° 角尺可用来检验两表面之间的垂直度误差，在划线时常用作划垂直线或平行线时的导向工具［见图 1.3.8（b）］，或用来找正工件在划线平板上的垂直位置。宽座角尺用中碳钢制成，经热处理和精密加工后，使两个工作面之间具有精确的 90° 角。

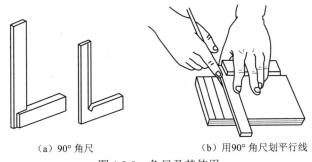

（a）90° 角尺   （b）用90° 角尺划平行线

图 1.3.8   角尺及其使用

3.5   万能角度尺

万能角度尺是用来测量精密零件内、外角度或进行角度划线的角度量具。

1. 万能角度尺的读数机构

万能角度尺如图 1.3.9 所示。万能角度尺由刻有基本角度刻线的主尺和固定在扇形板上的游标组成。扇形板可在主尺上回转移动（上有制动器），形成了和游标卡尺相似的游标读数机构。

2. 万能角度尺的刻线原理和读数方法

1）万能角度尺的刻线原理

万能角度尺主尺上的刻度线每格为 1°。游标上刻有 30 格，所占的总角度为 29°，因此两者每格刻线的度数差是：$1° - 29°/30 = 1°/30 = 2'$，即万能角度尺的精度为 $2'$。

2）万能角度尺的读数方法

万能角度尺的读数方法和游标卡尺相同，先读出游标零线前的角度是几度，再从游标上读出角度"分"值部分，两者相加就是被测零件的角度数值。

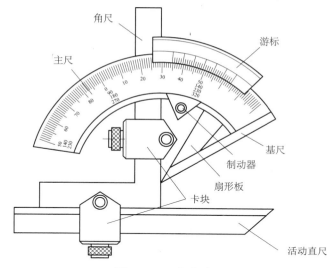

图 1.3.9 万能角度尺

3. 万能角度尺的测量范围

在万能角度尺上，基尺是固定在主尺上的，角尺用卡块固定在扇形板上，活动直尺用卡块固定在角尺上。若把角尺拆下，也可把直尺固定在扇形板上。由于角尺和直尺可以移动和拆换，使万能角度尺可以测量 0°～320° 范围内的任何角度，如图 1.3.10 所示。

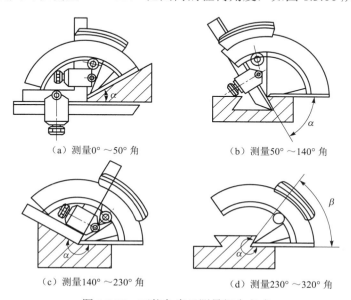

（a）测量0°～50°角　　　　　　　（b）测量50°～140°角

（c）测量140°～230°角　　　　　　（d）测量230°～320°角

图 1.3.10 万能角度尺测量组合方式

3.6   思考题

（1）简述游标卡尺的读数原理、读数方法和使用注意事项。

（2）简述外径千分尺的读数原理、读数方法和使用注意事项。

（3）常见的游标卡尺有哪几种？其精度如何？

（4）如何正确使用 90°角尺进行测量？

（5）万能角度尺可测量的角度范围是什么？应如何测量、如何读数？

第 4 章

划　　线

4.1　划线的种类

1. 平面划线

在工件的一个表面上划线后即能明确表示加工界线的，称为平面划线，如图 1.4.1 所示。

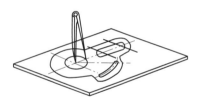

图 1.4.1　平面划线

2. 立体划线

在工件上几个互成不同角度（通常是互相垂直）的表面上划线才能表示加工界线的，称为立体划线，如图 1.4.2 所示。

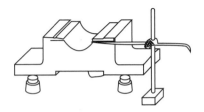

图 1.4.2　立体划线

4.2 划线工具及其使用方法

1. 钢直尺及其使用

钢直尺是一种常用的量具，可用于量取尺寸、测量工件或划线时导向，如图 1.4.3 所示。

（a）量取尺寸   （b）测量工件   （c）划线时导向

图 1.4.3   钢直尺的使用

2. 划线平板及其使用

划线平板是用铸铁铸造并经过精密加工的划线基准平面，如图 1.4.4 所示。因划线平板是精密基准件，故平常应放置在水平坚固的木架上，操作时应轻拿轻放，用后擦拭干净，涂上防锈油并盖上木板罩。

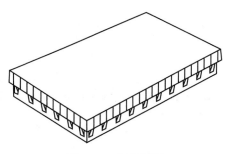

图 1.4.4   划线平板

3. 游标高度尺及其使用

游标高度尺与其他游标卡尺相似，读数精度为 0.02 mm，是精密的量具，如图 1.4.5 所示。游标高度尺的划线脚镶有硬质合金，常用于要求较高的半成品的划线，不能用于毛坯和粗糙表面的划线。游标高度尺用后需要擦拭干净、涂油并装箱。

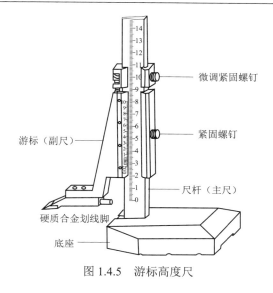

微调紧固螺钉

紧固螺钉

游标（副尺）

尺杆（主尺）

硬质合金划线脚

底座

图 1.4.5　游标高度尺

4. 划规及其使用

划规用于在工件上划圆、划圆弧、划等分线段、划角度或量取尺寸。划规有普通划规、扇形划规和弹簧划规三种，如图 1.4.6 所示。划规的脚焊有硬质合金并磨尖，以便划线清晰和耐用。用划规划圆时，一脚对准圆心冲眼并稍加压力，然后顺时针转动另一脚。

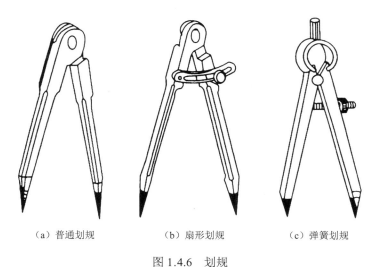

（a）普通划规　　　　　　（b）扇形划规　　　　　　（c）弹簧划规

图 1.4.6　划规

5. 划针及其使用

划针如图 1.4.7 所示。划线时，划针要紧靠导向工具边缘，上部向外倾斜 15°～20°，向划线移动方向倾斜 45°～75°。划针不能向内倾斜，以免产生误差。

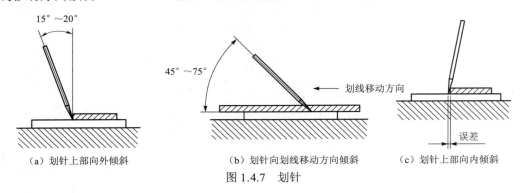

（a）划针上部向外倾斜 　　（b）划针向划线移动方向倾斜 　　（c）划针上部向内倾斜

图 1.4.7　划针

6. 样冲及其使用

样冲用来在已划好的线上冲眼，以保持清晰的划线标记。样冲由工具钢或高速钢制成，长 50～120 mm，尖端磨成 30°～60° 角，并经淬硬处理，如图 1.4.8（a）所示。

冲眼时，样冲向外倾斜，冲尖对准划线正中，然后再直立打冲眼，如图 1.4.8（b）所示。

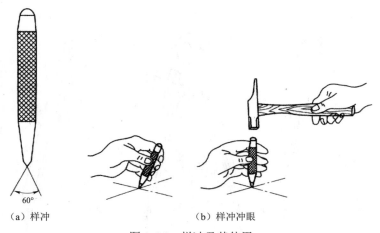

（a）样冲 　　　　　　（b）样冲冲眼

图 1.4.8　样冲及其使用

冲眼时，还应注意以下事项：

（1）曲线上冲眼要近些，圆周上至少要四个冲眼；

（2）线条交叉、转折处要有冲眼；

（3）直线上冲眼可少些，但短直线上至少要有三个冲眼；

（4）薄壁表面冲眼要浅，粗糙表面冲眼要深。

4.3 基本线条的划法

1. 平面划线的一般步骤

平面划线的一般步骤如下：

（1）熟悉图样，选定划线基准；

（2）准备划线工具；

（3）工件表面涂色；

（4）先划出基准线；

（5）再划出其他尺寸线；

（6）检验，在线条上冲眼。

2. 划线的要求

划线的要求如下：

（1）除要求划出的线条清晰均匀外，最重要的是保证尺寸准确；

（2）在立体划线中还应注意使长、宽、高三个方向的线条互相垂直。

因此，不能靠划线保证加工的最后尺寸，而必须在加工过程中，通过测量来保证尺寸的准确度。

注意：① 当划线发生错误或准确度太低时，都有可能造成工件报废。

② 由于划出的线条总有一定的宽度，而且在使用划线工具划线，以及进行测量、调整尺寸时难免产生误差，所以不可能绝对准确。

③ 一般划线的精度可以达到 0.25～0.5 mm。

3. 划线基准的概念

合理选择划线基准是做好划线工作的关键。工件的结构和几何形状虽然各不相同，但任何工件的几何形状都是由点、线、面构成的。因此划线基准虽有差异，但一般都是工件上的点、线、面。

划线时，应从划线基准开始。在选择划线基准时，应先分析图样，找出设计基准，使划线基准与设计基准尽量一致，这样才能直接量取划线尺寸，简化划线过程。

1）设计基准

在零件图上用来确定其他点、线、面位置的基准，称为设计基准。

2）划线基准

在划线时选择工件上的某个点、线、面作为依据，用它来确定工件的各部分尺寸、几何形状和相对位置，这种作为依据的点、线、面称为划线基准。

划线时，在零件的每一个方向都需要有一个基准。因此，平面划线时要选择两个划线基准，而立体划线时一般需要三个划线基准。

划线基准一般有以下三种：

（1）以两个相互垂直的平面为基准，如图 1.4.9 所示。从图上可以看出，水平方向的尺寸是由右端面确定的，垂直方向的尺寸是由底面来确定的，这两个平面分别是这两个方向的划线基准。

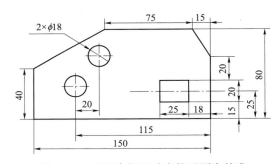

图 1.4.9   以两个相互垂直的平面为基准

（2）以相互垂直的两条中心线为基准，如图 1.4.10 所示。从图上可以看出，水平方向的尺寸是由垂直的中心线确定的，垂直方向的尺寸是由水平的中心线确定的，这两条中心线分别是这两个方向的划线基准。

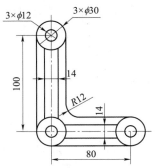

图 1.4.10   以相互垂直的两条中心线为基准

（3）以一条中心线和与它垂直的平面为基准，如图 1.4.11 所示。从图上可以看出，水平方向上的尺寸是由左右对称的中心线确定的，垂直方向的尺寸由底面来确定的。这条中心线和底面分别是这两个方向的划线基准。

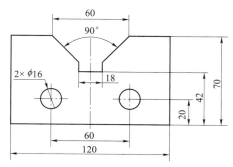

图 1.4.11　以一条中心线和与它垂直的平面为基准

4.4　思考题

（1）试述平面划线的一般步骤。

（2）平面划线应选择几个划线基准？立体划线应选择几个划线基准？

（3）为什么划线基准与设计基准应尽量一致？

（4）在机械加工过程中，划线有什么作用？在使用样冲、划针时应该注意些什么？

第5章

锯　削

用锯削工具把材料分割成几个部分称为锯削。锯削工具可以锯断各种原材料或半成品，也可以锯掉工件上的多余部分或在工件上锯槽等。

5.1　常用锯削工具

常用锯削工具有手锯和手持式电动切割机两种。

1. 手锯

手锯主要由锯弓和锯条两部分组成，如图 1.5.1 所示。

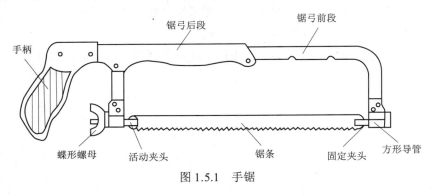

图 1.5.1　手锯

1）锯弓

锯弓用于安装和张紧锯条，有固定式和可调式两种。锯弓的两端装有夹头，一端固定，另一端活动，当锯条装在两端夹头的销子上后，旋紧活动夹头上的蝶形螺母就可以拉紧锯条。

2）锯条

锯条一般用渗碳钢冷轧而成，经热处理淬硬。锯条的长度以两端安装孔的中心距来表示，常用的为 300 mm。

锯条一般单面有齿，锯齿的粗细以锯条每 25 mm 长度内的齿数来表示，一般分粗、中、细三种。粗齿锯条适用于锯削软材料或较大的切面；细齿锯条适用于锯削硬材料或切面较小的工件，以及管子和薄板。

3）锯路

为了减少锯缝两侧面对锯条的摩擦阻力，避免锯条被夹住或折断，锯条在制造时，使锯齿按一定的规律左右错开，排列成一定形状，称为锯路。锯条有了锯路后，使工件上的锯缝宽度大于锯条背部的厚度，从而防止夹锯和锯条过热，并减少了锯条磨损。

2. 手持式电动切割机

手持式电动切割机如图 1.5.2 所示，具有切削效率高、加工质量好、使用简便、劳动强度低的优点。

图 1.5.2　手持式电动切割机

5.2　手锯的使用

1. 锯条的选用

常用锯条的规格及应用场合见表 1.5.1。

表 1.5.1　常用锯条的规格及应用场合

锯齿规格	应用场合
粗齿（1.8 mm）	锯削软钢、黄铜、铝、铸铁等
中齿（1.4 mm）	锯削中等硬度钢、厚壁的钢管
细齿（1 mm）	锯削工具钢、薄壁管、薄板材、角钢

2. 锯条的安装

锯条安装时，应做到齿尖朝前，松紧以用手扳动有硬实感为标准，锯条平面与锯弓中心平面平行，如图 1.5.3 所示。太松或太紧，在锯削时容易使锯条折断。

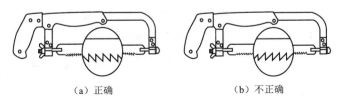

（a）正确　　　　　　　（b）不正确

图 1.5.3　锯条的安装

3. 锯削方法

1）工件夹持

工件一般夹在台虎钳的左边（指用右手握手柄时），以便操作；锯削线要与钳口平行，以防锯斜；锯削线与钳口不应太远，以防因振动而崩断锯齿。工件要夹牢，以防锯削时因工件移动而引起锯条折断，但也不要夹得过紧，以防夹坏工件的已加工表面或引起工件变形。

2）手锯的握法

右手握住手柄，控制锯削推力和压力；左手轻扶锯弓前端，配合右手扶正手锯，如图 1.5.4 所示。

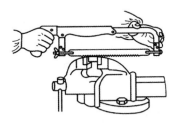

图 1.5.4　手锯的握法

3）起锯

起锯是锯削加工工作的开始，起锯质量好坏，会直接影响锯削质量。起锯的方法有远起锯和近起锯两种，如图 1.5.5 所示。一般采用远起锯。起锯时，左手拇指靠住锯条，使锯条能正确锯在所需要的位置，起锯角 15°左右。当锯条切入工件 2～3 mm 时可进行正常锯削。

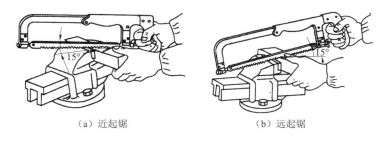

（a）近起锯　　　　　　　　　（b）远起锯

图 1.5.5　起锯的方法

4）锯削姿势

锯削姿势有两种：一种是直线往复移动，适用于切割薄形工件和直槽。另一种是摆动式，方法是：推进时左手略微上翘，右手下压；回程时，右手朝上，左手回复，这样效率高，而且不易疲劳。锯削过程中姿势的变化过程，如图 1.5.6 所示。

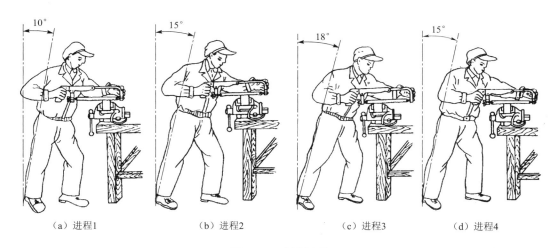

（a）进程1　　　　（b）进程2　　　　（c）进程3　　　　（d）进程4

图 1.5.6　锯削姿势

5）锯削速度、压力和行程

（1）锯削速度。锯削速度以 20～40 次/min 为宜，软材料可快些，硬材料可慢些。速度太慢，效率不高；速度太快，锯条易磨钝，反而降低切割效率。

（2）锯削压力。在锯削硬材料时压力应大些，锯削软材料时压力应小些。手锯在朝前锯削时施加压力，而往后退时不施加压力，还应略微抬起，以减少锯条磨损。

（3）锯削行程。锯削时，最好使锯条全长都参加锯削，往复行程不少于锯条全长的三分之二。

6）各种材料的锯削方法

（1）锯削棒料时，若要求端面平整，应从一个方向开始连续锯到结束；若要求不高，可从几个方向进行锯削，直到锯断。

（2）锯削薄壁管子时，首先应使用两块木制 V 形或弧形槽垫块夹持管子，以防夹扁管子或夹坏管子表面，如图 1.5.7（a）所示；其次应先从一个方向锯到管子内壁处，然后把管子转过一定角度，并连接原锯缝再锯到管子内壁处，如此锯削到锯断管子为止，如图 1.5.7（b）所示。

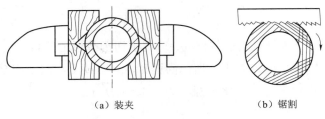

（a）装夹　　　　　（b）锯割

图 1.5.7　薄壁管子的装夹与锯削

（3）锯削薄板料时，可将薄板夹在两木垫或金属垫之间，连同木垫或金属垫一起锯削，这样既可避免锯齿被钩住，又可增加板的刚性，如图 1.5.8 所示。

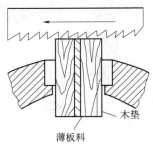

木垫

薄板料

图 1.5.8　薄板料的锯削

5.3　锯削注意事项

进行锯削时，应注意以下事项：

（1）锯削时，注意工件的夹持及锯条的安装是否正确；

（2）起锯时，应注意起锯角大小是否正确、锯削时的摆动姿势是否自然；

（3）随时注意锯缝的平直性，出现偏差时应及时纠正；

（4）工件将要锯断时，要用左手扶住工件断开部分，避免掉下砸伤脚。

注意：锯条折断的主要原因：① 锯条安装过松；② 强行纠正歪斜的锯缝；③ 换新锯条后在原锯缝用力过猛地锯下。

5.4　思考题

（1）锯条正确安装的要领是什么？

（2）锯削时应注意哪些问题？

（3）锯条是易耗品，你有什么措施可充分利用锯条材料，延长其使用寿命？

（4）为什么锯条要有锯路？

（5）有同学为追求速度，锯削频率很快，你认为这样妥当吗？会产生什么后果？

（6）起锯和锯削操作的要领是什么？

（7）锯削可应用在哪些场合？试举例说明。

（8）薄壁管锯削的方法是怎样的？

（9）锯削薄板的方法是什么？

第6章

锉　　削

用锉刀对工件表面进行切削加工称为锉削。一般情况下，锉削在锯削后进行，属于精加工，精度可达 0.01 mm，表面粗糙度 Ra 可达 0.8 μm。

锉削的应用范围很广，可以锉削平面、曲面、外表面、内孔、沟槽和各种复杂表面，还可以配键、做样板及在装配中修整工件，是钳工常进行的操作之一。

6.1　锉刀的结构、分类和规格

锉刀用高碳工具钢 T13 或 T12 制成，经热处理后切削部分硬度达到 62～72 HRC。

1. 锉刀的结构

锉刀由锉刀身和锉刀柄两部分组成，如图 1.6.1 所示。

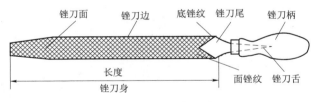

图 1.6.1　锉刀的组成

锉刀面是锉削的主要工作面。锉刀面在前端做成凸弧形，上下两面都制有锉齿，便于进行锉削。锉刀边是指锉刀的两个侧面，有的没有齿，有的一边有齿。没有齿的一边叫光边。使用带光边的锉刀锉削内直角的一个面时，不会碰伤另一个相邻面。锉刀舌是用来装锉刀柄的。锉刀柄是木质的，在安装孔的一端套有铁箍。

2. 锉纹

锉纹是锉齿排列的图案。锉纹有单齿纹和双齿纹两种。常见的是双齿纹锉刀，如图 1.6.2 所示，适于锉削硬材料。

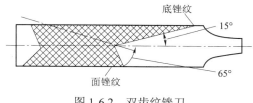

图 1.6.2　双齿纹锉刀

3. 锉刀的种类

锉刀分普通锉、特种锉和整形锉三类。普通锉按其断面形状不同，可分为扁锉（板锉）、方锉、三角锉、半圆锉和圆锉 5 种，如图 1.6.3 所示。

（a）扁锉　　　　（b）方锉　　　　（c）三角锉　　　　（d）半圆锉　　　　（e）圆锉

图 1.6.3　普通锉的断面形状

6.2　常用锉削工具、电动角向磨光机及抛光机等的选用

1. 锉刀的选用

锉刀的断面形状和长度应根据被锉削工件的表面形状和大小选用。锉刀的形状应适应工件加工的表面形状。例如，扁锉用来锉平面、外圆面和圆弧面，方锉用来锉方孔、长方孔和窄平面，三角锉用来锉内角、三角孔和平面，半圆锉用来锉凹弧面和平面，圆锉用来锉圆孔、半径较小的凹弧面和椭圆面，特种锉用来锉削零件的特殊表面，整形锉用于修整工件的细小部位。不同加工表面使用的锉刀如图 1.6.4 所示。

锉刀粗细规格的选择，取决于工件材料的性质、加工余量的大小及加工精度和表面粗糙度要求的高低。粗锉刀由于齿距较大，不易堵塞，一般用于锉削铜、铝等软金属，以及加工余量大、精度低和表面结构要求低的工件；细锉刀用于锉削钢、铸铁，以及加工余量小、精度要求高和表面结构要求高的工件；油光锉用于最后修光工件表面。

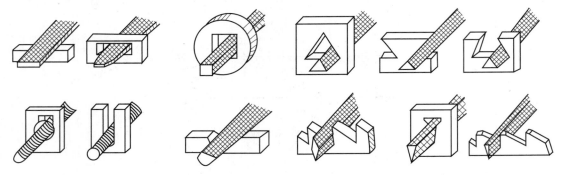

图 1.6.4   不同加工表面使用的锉刀

2. 电动角向磨光机的使用

电动角向磨光机如图 1.6.5 所示。电动角向磨光机的适用范围很广，它适用于对金属、石材、木材进行磨、切、抛光。

图 1.6.5   电动角向磨光机

电动角向磨光机的操作规程如下：

（1）使用前，应检查电线、插头、插座是否绝缘、完好；

（2）使用中，应注意检查模块是否有缺损、松动现象；

（3）严禁用油手、湿手等从事电动角向磨光机工作，以免触电伤人；

（4）严禁在防火区域内使用，必要时应经安保部门批准方可使用；

（5）不准私自拆卸，注意日常维护及使用管理；

（6）电源线不得私自改接，长度不得超过 5 m；

（7）防护罩破损、损坏时不准使用，禁止拆掉防护罩打磨工件；

（8）定期进行绝缘检测；

（9）使用后，由专人负责进行保管。

3. 抛光机的使用

抛光机有很多种。手提式抛光机如图 1.6.6 所示，它适合于对金属等材料进行抛光。

图 1.6.6　手提式抛光机

抛光机的操作规程如下：

（1）抽风除尘设备应定期检查，经常打扫；

（2）装卸抛光轮时必须校正平衡，紧固可靠；

（3）抛光工作场所必须保持足够的照明，工作地点严禁吸烟，禁止明火作业；

（4）使用抛光轮时必须严格检查；

（5）抛光时，抛光机应拿稳，用力应适当；

（6）必要时应安装托架，以防脱手伤人。

6.3　平面锉削方法

1. 锉刀的握法

1）较大锉刀的握法

（1）右手紧握锉刀柄，柄端抵在拇指根部的手掌上［见图 1.6.7（a）］，大拇指放在锉刀柄上部，其余手指握住锉刀柄；

（2）左手将拇指肌肉压在锉刀头上，拇指自然伸直，其余四指弯向手心，用中指、无名指捏住锉刀前端，如图 1.6.7（b）所示；

（3）右手推动锉刀，左手协同右手使锉刀保持平衡，如图 1.6.7（c）所示。

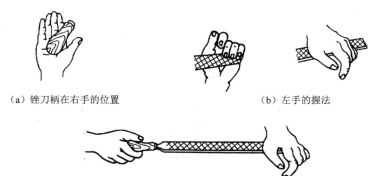

（a）锉刀柄在右手的位置   （b）左手的握法

（c）左、右手配合

图 1.6.7   较大锉刀的握法

2）中小锉刀的握法

中小锉刀由于尺寸小、强度低，使用时施加的压力和推力要小于大锉刀，因此握法稍有不同。常见的中小锉刀握法如图 1.6.8 所示。

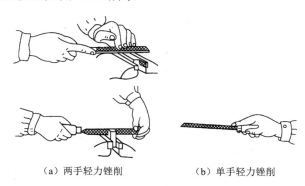

（a）两手轻力锉削   （b）单手轻力锉削

图 1.6.8   中小锉刀的握法

2. 锉削姿势

1）站立姿势

锉削时的站立姿势和步位如图 1.6.9 所示。要求：左臂弯曲，右小臂与工件锉削面的前后方向保持平行。

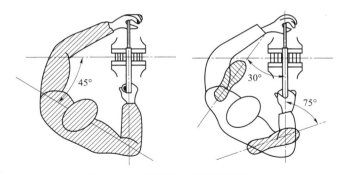

图 1.6.9　锉削的站立姿势和步位

2）锉削动作

锉削动作如图 1.6.10 所示。开始时按锉削的站立姿势和步位站立，前脚弓，后脚挺，收腹挺胸，两目平视，身体微微前倾，同时两手掌握锉刀平衡。锉削时右小臂要与锉削面前后方向保持平行而且自然；右脚伸直，身体继续前倾，同时保持锉刀在运行中用力平衡。当锉刀锉至 3/4 行程时，身体停止前倾，两臂继续将锉刀推锉到头。结束时，左脚自然伸直并借助锉削的反作用力将身体重心后移恢复原位，同时顺势收回锉刀，开始二次锉削。

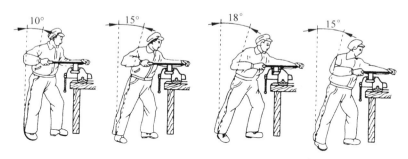

图 1.6.10　锉削动作

3）锉削时双手的用力和速度

要使锉削表面平直，关键是正确掌握锉削力的平衡。锉削力有水平推力和垂直压力两种，锉削推力主要由右手掌握。如图 1.6.11（a）所示，开始阶段，右手在往前推的同时，由小逐渐变大地加大压力，左手逐渐由大变小减小压力。

由于锉刀两端相对于锉削面的长度随时发生变化，为保持锉削力的平衡，两手的压力也必须随之变化。如图 1.6.11（b）所示，当锉到中间时，锉刀两端相对锉削面的距离相等，故左、右手压力相等。锉削行程终了，情况与开始阶段相反，右手压力达到最大，而左手压力变为最小，如图 1.6.11（c）所示；锉削回程阶段，两手不施加压力，快速将锉刀收回，如图 1.6.11（d）所示。

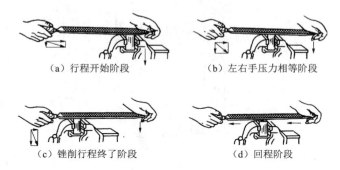

（a）行程开始阶段   （b）左右手压力相等阶段

（c）锉削行程终了阶段   （d）回程阶段

图 1.6.11   锉削时的用力

锉削速度为 40 次/min 左右。

4）平面锉削

平面锉削一般采用直锉和交叉锉两种方法，如图 1.6.12 所示。图 1.6.12（a）所示为直锉，锉刀运动方向与工件夹持方向始终一致，用于精锉。图 1.6.12（b）所示为交叉锉，锉刀运动方向与工件夹持方向成一定角度，用于粗锉。

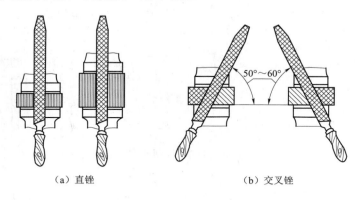

（a）直锉   （b）交叉锉

图 1.6.12   平面锉削方法

5）锉削平面的质量检查

锉削平面的质量可用刀口尺进行检查，如图 1.6.13 所示。刀口尺或钢直尺垂直放在工件表面上，沿纵向、横向、对角线方向多处逐一通过透光法检查，不透光或微弱透光表示该平面是平直的；反之，该平面不平。

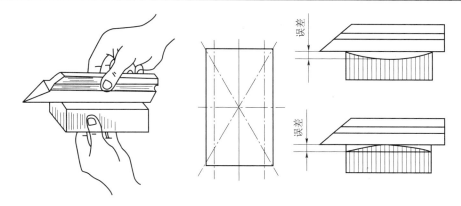

图 1.6.13　锉削平面的质量检查

6.4　锉刀的维修保养

1. 维修保养要领

锉刀的维修保养要领如下：

（1）新锉刀要先使用其中一面，用钝后再使用另一面，以延长其使用寿命；

（2）粗锉时应充分使用锉刀的有效全长，这样既能提高锉削效率，又可避免因锉齿局部磨损而缩短锉刀使用寿命；

（3）锉刀上不可沾污油或者水，否则会引起锉削打滑或锉刀锈蚀；

（4）锉刀在使用中，特别是用完后，要用钢丝刷顺锉纹刷去嵌入齿槽内的金属碎屑，以免碎屑生锈腐蚀锉刀和降低锉削效率；

（5）不能用锉刀锉毛坯件的硬皮、氧化皮及淬硬的表面，否则锉纹很容易变钝，进而丧失锉削力；

（6）铸件表面如有硬皮，应先用砂轮磨去硬皮，或用旧锉刀有锉纹的侧边锉掉硬皮，然后再进行锉削加工；

（7）锉刀不能与工具、工件或其他锉刀堆放在一起，以免破坏锉刀齿纹。

2. 注意事项

用锉刀进行工件锉削时，注意事项如下：

（1）正确的姿势是掌握锉削技能的基础，因此必须练好；

（2）平面锉削的要领是锉削时保持锉刀的直线平衡运动，因此在练习时要注意锉削力的正确运用；

（3）没有装柄的锉刀、锉刀柄开裂的锉刀不能使用；

（4）不能用嘴吹锉屑，也不能用手摸锉削表面；

（5）工量具要正确使用，合理摆放，做到安全文明生产。

6.5　思考题

（1）锉削操作的要领有哪些？

（2）如何正确运用锉削力和锉削速度？

（3）如何进行锉刀的正确使用与保管？

（4）锉刀的尺寸规格用什么来表示？它可分为哪几种？

（5）锉刀有哪几种？

（6）平面锉削的三种方法是什么？各适用于什么场合？

（7）简述合理选用锉刀的方法。

第 7 章

钻　　孔

　　用钻头在实体材料上加工孔的方法称为钻孔，如图 1.7.1 所示。钻孔时，钻头装在钻床主轴上，一面旋转（主运动），一面由进给手柄施加进给压力，使之沿钻头轴线向下移动（进给运动），由此钻头不断地旋转进给，在材料上加工出孔来。

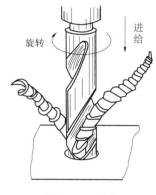

旋转

进给

图 1.7.1　钻孔

7.1　钻孔工具

1. 台式钻床

　　台式钻床简称台钻，是一种体积小巧、操作简便、通常安装在专用工作台上使用的小型孔加工机床。台钻的钻孔直径一般在 13 mm 以下，最大不超过 16 mm，其外形结构如图 1.7.2 所示。

图 1.7.2　台钻的外形结构

2. 麻花钻

麻花钻一般用高速钢（W18Cr4V 或 W9Cr4V2）制成，淬硬后硬度达 62～68 HRC。麻花钻由柄部、颈部及工作部分组成，如图 1.7.3（a）所示。柄部是钻头的夹持部分，用以夹持钻头和传递扭矩。通常，直径大于 12 mm 的钻头，其柄部做成锥柄，如图 1.7.3（a）所示；直径小于 12 mm 的钻头，其柄部做成柱柄，如图 1.7.3（b）所示。

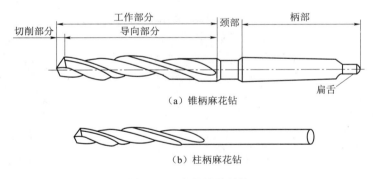

（a）锥柄麻花钻

（b）柱柄麻花钻

图 1.7.3　麻花钻的结构

颈部是柄部与工作部分的连接部分，磨制钻头时供砂轮退刀用。通常，钻头的规格、材料和商标也刻印在颈部。麻花钻的工作部分又分切削部分和导向部分。

标准麻花钻的切削部分由五刃（两条主切削刃、两条副切削刃、一条横刃）、六面（两个前面、两个后面、两个副后面）组成，如图 1.7.4 所示。

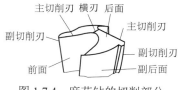

图 1.7.4　麻花钻的切削部分

导向部分用来保持麻花钻工作时的正确方向。在钻头重磨时，导向部分逐渐转变为切削部分投入切削工作。导向部分由两条螺旋槽形成切削刃，可容纳、排除切屑，便于冷却液沿着螺旋槽输入。同时，导向部分的外缘是两条棱带，它在直径方向略有倒锥，既可以引导钻头，又可以减少钻头与孔壁的摩擦。

3. 手电钻

手电钻是一种携带方便的小型钻孔用具，以交流电源或直流电池为动力，通常由小电动机、控制开关、钻头夹和钻头等部分组成，如图 1.7.5 所示。在大型夹具和模具装配时，当因工件形状或加工部位的限制不能在钻床上钻孔时，可使用手电钻加工。

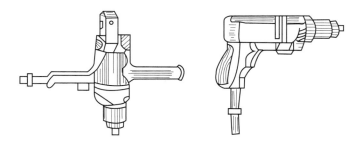

图 1.7.5　手电钻

7.2　台钻和手电钻的使用

1. 台钻的使用

1）传动变速

（1）操纵电钻开关，能使台钻主轴正转、反转、启动或停止。

（2）改变传动带在塔式带轮上的位置，可得到不同的转速。

（3）主轴的进给运动用手操纵进给手柄来控制。

2）钻头架的升降调整

先松开锁紧手柄，转动升降手柄，使钻头架升降到所需位置，再将其锁紧。

2. 手电钻的使用

手电钻的电源电压分单相（220 V、36 V）和三相（380 V）两种，采用单相电压的电钻规格有 6 mm、10 mm、13 mm、19 mm、23 mm 五种，采用三相电压的电钻规格有 13 mm、19 mm、23 mm 三种，可根据不同情况选择。

使用前，手电钻开关应处于关闭状态，防止插头插入电源插座时手电钻突然转动。打孔时，要双手紧握电钻，尽量不要单手操作。对于小工件，必须先借助夹具夹紧工件，再用手电钻钻孔。

3. 电钻使用注意事项

使用前，必须开机空转 1 min，检查传动部分是否正常，如有异常，应排除故障后再使用。钻头必须锋利，钻孔时不宜用力过猛。当孔钻穿时，应相应减轻压力，以防发生事故。

7.3 钻头的装卸方法

1. 钻夹头

13 mm 以内的直柄钻头用钻夹头装夹。钻夹头的结构如图 1.7.6 所示。钻夹头上端有一锥孔，用以与钻夹头柄紧配。钻夹头柄做成莫氏锥体，装入钻床的主轴锥孔内。钻夹头中的三个夹爪用来夹紧钻头的直柄。当带有小锥齿轮的钥匙带动夹头套上的大锥齿轮转动时，与夹头套紧配的内螺纹齿圈也同时旋转。此内螺纹齿圈与三个夹爪上的内螺纹相配，于是三个夹爪便伸出或缩进，使钻头直柄被夹紧或放松。需要注意的是：钻夹头的夹持长度一般不小于 15 mm。

2. 钻头套

钻头套用来装夹锥柄钻头，可根据钻头锥柄莫氏锥度的号数选用相应的钻头套，常见的钻头套如图 1.7.7（a）所示。

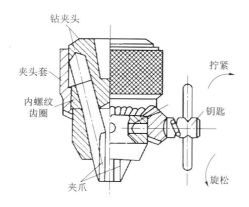

图 1.7.6　钻夹头的结构

一般立式钻床主轴的锥孔为 3 号或 4 号莫氏锥度，摇臂钻床主轴的锥孔为 5 号或 6 号莫氏锥度。当用较小直径钻头钻孔时，用一个钻头套有时不能直接与钻床主轴锥孔相配，此时可把几个钻头套配接起来使用。连接时，必须将钻头锥柄及主轴锥孔揩擦干净，且使矩形舌部的长向与主轴上的腰形孔中心线方向一致，利用加速冲力一次装接，如图 1.7.7（b）所示。

图 1.7.7（c）所示为用斜铁将钻头从主轴锥孔中拆下的方法。拆钻头时，手锤楔铁带圆弧的一边要放在上面，否则会把钻床主轴上的长圆孔敲坏。同时，要用手握住钻头或在钻头与钻床间垫上木板，以防钻头跌落而损坏钻头或工作台。

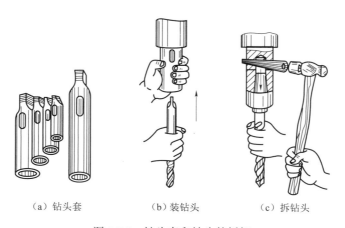

（a）钻头套　　　　　（b）装钻头　　　　　（c）拆钻头

图 1.7.7　钻头套和钻头的拆卸

7.4 钻孔方法

1. 工件划线

钻孔前先划出孔位的十字中心线，打上中心样冲眼，按孔的大小划出孔的圆周线作为钻孔时的检查线；然后将中心样冲眼敲大，以便准确落钻定心。如果需要钻直径较大的孔，应划出直径不等的同心圆，以便检查。

2. 工件装夹

应根据工件形状及钻削力的大小采用不同的装夹方法，以保证钻孔的质量和安全。常用平口台虎钳来装夹工件，如图 1.7.8 所示。

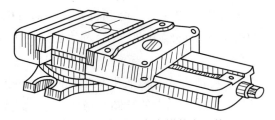

图 1.7.8   用平口台虎钳装夹工件

3. 钻床转速的选择

通常情况下，钻头小，转速可高些，进给量可小些；钻头大，转速可低些，进给量要大些，但还要看工件材料的软硬和孔的深浅。转速可以参考表 1.7.1 进行选择。

表 1.7.1   转速的选择

材料	切削速度/（m/min）	备 注
铸铁	14～22	当钻头直径小时，速度取较小值；当工件材料的硬度和强度较高时，速度取较小值
钢件	16～24	
青铜或黄铜	30～60	

4. 起钻

先不开动钻床，使钻头对准样冲眼，用手转动钻轴，从不同位置观察钻头是否对准孔的中心，并不断校正；然后开动钻床，对准孔中心样冲眼钻一浅坑，观察其与画出的圆周线是否同心，如果偏心，应及时纠正。

5. 钻削

钻孔时，进给力的大小以钻头不弯曲为宜；应经常提起钻头排屑，以免因切屑堵塞而扭断钻头；当孔将钻通时，进给力要小，以防进给量过大，增大扭转抗力而使钻头折断，甚至造成安全事故。钻盲孔时应掌握进给尺寸，以控制孔深。

6. 钻孔时的冷却

为减少钻孔时钻头与工件、切屑的摩擦阻力，加快钻头散热冷却，消除黏附在钻头和工件表面上的积屑，提高钻头的使用寿命和孔的质量，钻孔时须根据不同工件的材料加注相应的切削液。一般用质量分数为 5%～8%的乳化液。

7.5　钻孔注意事项

钻孔注意事项如下：
（1）操作钻床时不准戴手套，女生必须戴工作帽；
（2）工件必须夹紧，孔将钻穿时进给力要小；
（3）钻孔时的切屑不可用棉纱擦或用嘴吹，必须用毛刷或钩子来清除；
（4）严禁在开车状态下装拆工件，停车时不可用手去刹主轴；
（5）钻小孔时进给力要小，钻深孔时要经常退钻排屑。

7.6　思考题

（1）完成钻孔工作必须具备哪两个运动？
（2）标准麻花钻由哪几部分构成？
（3）应如何进行钻头架的升降调整？
（4）电钻的使用注意事项是什么？

第8章

攻 螺 纹

用丝锥在工件孔中切削出内螺纹的加工方法称为攻螺纹，简称攻丝。

8.1 攻螺纹工具

1. 丝锥

丝锥是一种加工内螺纹的工具，有机用丝锥和手用丝锥两种。手用丝锥用碳素工具钢和合金工具钢制造。

1）丝锥的结构

丝锥由工作部分和柄部组成，其结构如图 1.8.1 所示。工作部分又包括切削部分和校准部分。

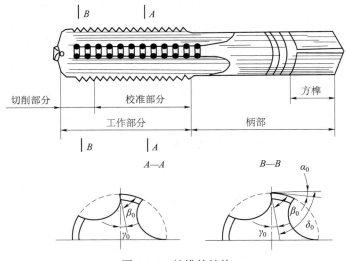

图 1.8.1 丝锥的结构

丝锥沿轴向开有几条容屑槽，以形成切削部分锋利的切削刃，起主要切削作用。切削部分前端磨出切削锥角，使切削负荷分布在几个刀齿上，不仅切削省力，而且便于切入。丝锥校准部分有完整的牙型，用来修光和校准已切出的螺纹，并引导丝锥沿轴向前进。

丝锥柄部有方榫，用来传递扭矩。

2）成组丝锥切削用量分配

为了减小切削力和延长丝锥的使用寿命，一般将整个切削工作量分配给几支丝锥来承担。通常 M6～M24 的丝锥每组有两支；M6 以下及 M24 以上的丝锥每组有三支；细牙丝锥为两支一组。成组丝锥中，对每支丝锥切削量的分配有以下两种方式。

（1）锥形分配法。一组丝锥中，每支丝锥的大径、中径、小径都相等，切削部分的切削锥角及长度不等。锥形分配切削量的丝锥也叫等径丝锥。当攻制通孔螺纹时，用头锥一次切削即可加工完毕，二锥、三锥则用得较少。一组丝锥中，每组丝锥的磨损很不均匀；由于头锥经常攻制，变形严重，加工表面粗糙，所以一般 M12 以下丝锥采用锥形分配法。

（2）柱形分配法。头锥、二锥的大径、中径、小径都比三锥小；头锥、二锥的中径一样，大径不一样，头锥大径小，二锥大径大。柱形分配切削量的丝锥也叫不等径丝锥。这种丝锥的切削量分配比较合理，三支一套的丝锥按 6:3:1 分担切削量，两支一套的丝锥按 7.5:2.5 分担切削量，切削省力，各锥磨损量差别小，使用寿命较长。一般 M12 以上的丝锥采用柱形分配法。

2. 铰杠

铰杠是手工攻螺纹时用来夹持丝锥的工具，分普通铰杠和丁字铰杠两种。常用的普通铰杠如图 1.8.2 所示。

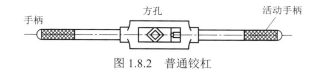

图 1.8.2　普通铰杠

铰杠的方孔尺寸和手柄的长度都有一定的规格。使用时，丝锥的方榫插入铰杠的方孔，因此应按丝锥尺寸的大小，根据表 1.8.1 选用铰杠。

表 1.8.1　铰杠的选择

铰杠规格/mm	150	225	275	375	475	600
丝锥范围	M5～M8	>M8～M12	>M12～M14	>M14～M16	>M16～M22	M24

8.2　攻螺纹前底孔直径的确定

攻螺纹前，应先确定底孔的直径。底孔直径大小根据工件材料不同可按经验公式计算或查表得出，经验公式如下。

钢和韧性材料：$D_底=D-P$

铸铁和脆性材料：$D_底=D-(1.05\sim1.1)P$

式中：$D_底$——底孔直径，mm；

D——螺纹公称直径，mm；

P——螺距，mm。

普通公制螺纹底孔直径也可以从表 1.8.2 中查得。

表 1.8.2　普通公制螺纹底孔直径表

螺纹直径/mm	螺距/mm	底孔直径/mm	
		铸铁、黄铜、青铜	钢、可锻铸铁
2	0.4	1.6	1.6
	0.25	1.75	1.75
2.5	0.45	2.05	2.05
	0.35	2.15	2.15
3	0.5	2.5	2.5
	0.35	2.65	2.65
4	0.7	3.3	3.3
	0.5	3.5	3.5
5	0.8	4.1	4.2
	0.5	4.5	4.5
6	1	4.9	5
	0.75	5.2	5.2
8	1.25	6.6	6.8
	1	6.9	7
	0.75	7.1	7.2
10	1.5	8.4	8.5
	1.25	8.6	8.7
	1	8.9	9
	0.75	9.1	9.2
12	1.75	10.1	10.2
	1.5	10.4	10.5
	1.25	10.6	10.7
	1	10.9	11

8.3 攻螺纹的步骤和方法

1. 攻螺纹的步骤

攻螺纹的步骤如图 1.8.3 所示。一般先用麻花钻钻底孔，用 90° 锪钻对底孔孔口倒角，用头锥起攻，再用二锥攻螺纹，必要时用三锥，然后用同规格螺钉进行旋合检查。

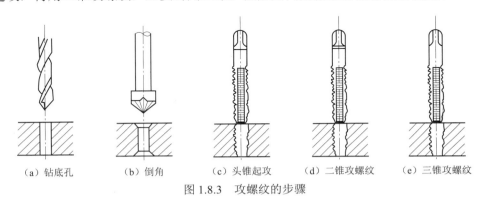

　　　（a）钻底孔　　　（b）倒角　　　（c）头锥起攻　　　（d）二锥攻螺纹　　　（e）三锥攻螺纹

图 1.8.3　攻螺纹的步骤

2. 攻螺纹的方法

（1）用头锥起攻。起攻时，用右手握住铰杠中间，沿丝锥轴线方向用力加压，左手与之配合，将铰杠顺向旋进，如图 1.8.4（a）所示；或用两手同时握住铰杠的两端均匀施加压力，在保证丝锥中心与底孔中心重合的同时做顺时针转动，如图 1.8.4（b）所示。

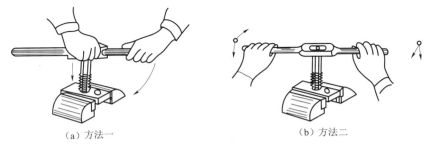

　　　　　（a）方法一　　　　　　　　　　　　　　（b）方法二

图 1.8.4　起攻

（2）当丝锥攻入 1～2 圈时，可目测或用角尺前、后、左、右地检测丝锥与工件是否垂直，并不断校正，使之符合要求，如图 1.8.5 所示。

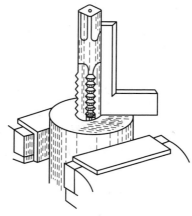

图 1.8.5   检查垂直度

（3）当丝锥切削部分进入工件 2～3 圈后，就不需要施加压力，两手可平稳地继续转动铰杠，并要经常倒转 1/4～1/2 圈，使切屑碎断并及时排除，以减少阻力。

（4）攻丝结束后可从上或从下旋出丝锥。

8.4   攻螺纹注意事项

攻螺纹时，注意事项如下：

（1）正确起攻及在攻螺纹时能控制好两手的力度是基本功，要用心体会和掌握；

（2）起攻时，要从两个方向进行垂直度的及时校正；

（3）攻韧性材料时，要加切削液；

（4）攻螺纹时要经常倒转以断屑；

（5）底孔直径不能太小，否则会引起工件烂牙。

8.5   思考题

（1）试述攻螺纹的加工要点。

（2）分别在钢件和铸铁件上攻 M12 的内螺纹，若螺纹的有效长度为 40 mm，试求底孔的直径。

第 2 部分

钳工操作项目实训

四棱柱制作

本项目是一次单项锉削操作练习教学，在制作四棱柱的过程中使操作者掌握一定的平面锉削方法和平面度的基本测量技能，还要掌握相关理论知识。

（1）教学重点：平面锉削方法。

（2）教学方法：讲授、演示。

1. 教学目标

1）任务目的

（1）初步掌握平面锉削的姿势和动作，以及锉刀的握法。

（2）了解锉削时双手用力的方法。

（3）正确使用量具，掌握平面度的测量方法。

2）技术要求

本项目制作的四棱柱零件图如图 2.1.1 所示，技术要求如下：

（1）各棱边允许倒钝 0.05 mm；

（2）各锉削面的平面度≤0.03 mm；

（3）相互垂直的锉削面之间的垂直度≤0.03 mm。

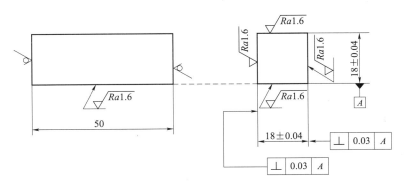

图 2.1.1　四棱柱零件图

2. 教学内容

完成本项目任务，需要具备机械制图识图、公差配合与测量技术、机械设计基础、金属切削工艺学、钳工工艺学等相关课程理论知识，必须对钳工工艺相关知识有一定了解。通过本次训练，掌握以下专业知识与技能：

（1）锉刀的选用；

（2）锉刀手柄的安装和拆卸；

（3）平锉刀的握法；

（4）平面锉削方法；

（5）平面锉削的站立姿势。

3. 教学准备

为完成本次教学任务，需要按表 2.1.1 所列的清单准备材料、工量具。

表 2.1.1　材料、工量具清单

项目实施材料、工量具清单								
材料清单			工具清单			量具清单		
序号	材料	规格/mm	序号	工具	规格/mm	序号	量具	规格/mm
1	Q235	φ25×55	1	平锉	250	1	游标卡尺	0～150
2			2			2	千分尺	0～25
3			3			3	高度尺	0～300
4			4			4	刀口尺	
5			5			5	直角尺	

4. 教学过程

具体加工步骤如下：

（1）先加工第一基准面，如图 2.1.2 所示。

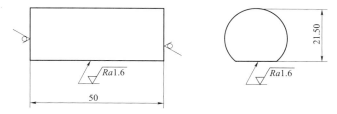

图 2.1.2　四棱柱加工步骤（1）

（2）加工第一基准面的对面，并保证尺寸（18±0.04）mm，如图 2.1.3 所示。

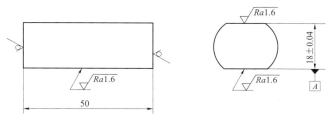

图 2.1.3　四棱柱加工步骤（2）

（3）加工第二基准面，保证第二基准面垂直于第一基准面，垂直度为 0.03 mm，如图 2.1.4 所示。

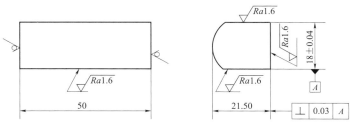

图 2.1.4　四棱柱加工步骤（3）

（4）加工第二基准面的对面，保证尺寸（18±0.04）mm，同时保证第二基准面的对面也垂直于第一基准面，如图 2.1.5 所示。

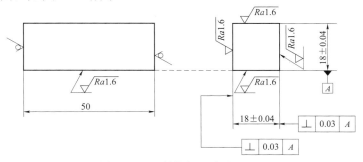

图 2.1.5　四棱柱加工步骤（4）

5. 教学评价

完成本次教学任务后，按表 2.1.2 进行教学评价。

表 2.1.2 四棱柱制作评分表

序号	考核内容	考核要求	配分	评分标准	得分
1	尺寸精度	（18±0.04）mm（2 处）	30 分	超差不得分	
2	尺寸精度	50 mm（1 处）	5 分	超差不得分	
3	平面度	0.03 mm（4 处）	36 分	超差不得分	
4	垂直度	0.03 mm（2 处）	17 分	超差不得分	
5	表面粗糙度	*Ra*1.6（4 处）	12 分	超差不得分	
安全及文明生产	1. 按国家颁发的有关法规或行业的（企业）的规定。 2. 按行业（企业）自定的有关规定			扣分不超过 10 分	
工作时间		6 课时		根据超工时定额情况扣分	
总评得分					

6. 拓展训练

（1）如图 2.1.6 所示，按要求加工零件。技术要求：① 各棱边允许倒钝 0.5 mm；② 除不需要加工的平面外，其他平面的平面度为 0.03 mm。

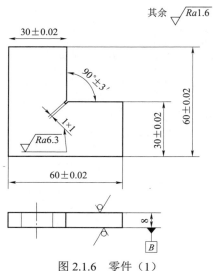

图 2.1.6 零件（1）

（2）如图 2.1.7 所示，按要求加工零件。

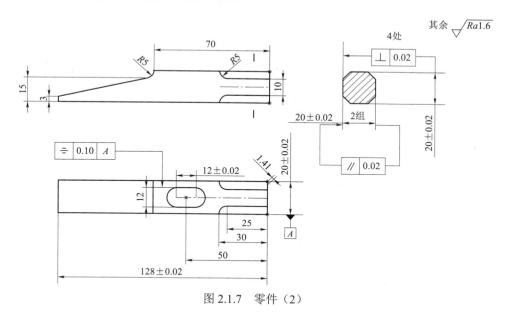

图 2.1.7　零件（2）

项目 2

凸 件 加 工

本项目是一次单项锯削操作练习教学，在加工凸件的过程中使操作者掌握一定的划线、锯削的基本操作技能，还要掌握相关理论知识。

（1）教学重点：划线、锯削基本操作方法及注意事项。

（2）教学方法：讲授、演示。

1. 教学目标

1）任务目的

（1）初步掌握划线方法。

（2）了解特殊划线方法。

（3）正确使用高度尺及量具。

（4）掌握划线方法及平面度、角度的测量方法。

2）技术要求

本项目制作的凸件零件图如图 2.2.1 所示，技术要求如下：

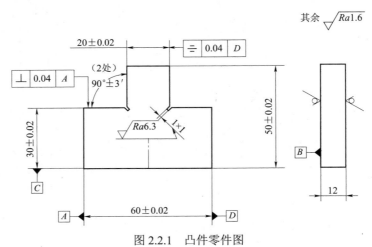

图 2.2.1 凸件零件图

（1）各棱边允许倒钝 0.05 mm；

（2）各锉削平面的平面度≤0.03 mm；

（3）各加工面垂直于不加工基准面 B 的垂直度≤0.03 mm。

2. 教学内容

完成本项目任务，需要具备机械制图识图、公差配合与测量技术、机械设计基础、金属切削工艺学、钳工工艺学等相关课程理论知识，必须对钳工工艺相关知识有一定了解。通过本次训练，掌握以下专业知识与技能：

（1）划线基本知识；

（2）常用划线方法及其注意事项；

（3）锯削基本知识、基本操作方法及注意事项。

3. 教学准备

为完成本项目任务，需要按表 2.2.1 所列清单准备材料、工量具。

表 2.2.1 材料、工量具清单

项目实施材料、工量具清单								
材料清单			工具清单			量具清单		
序号	材料	规格/mm	序号	工具	规格/mm	序号	量具	规格/mm
1	Q235	50.5×60.5	1	平锉	250	1	游标卡尺	0～150
2			2	平锉	200	2	千分尺	0～25
3			3	平锉	150	3	千分尺	25～50
4			4	三角锉	150	4	千分尺	50～75
5			5	划针		5	高度尺	0～300
6			6	划针座		6	刀口尺	
7			7	锯弓		7	直角尺	
8			8	锯条		8		

4. 教学过程

完成本项目任务的具体加工步骤如下：

（1）先加工第一个基准面 C，再加工第二个基准面 A，然后加工其对面，并保证尺寸（50±0.02）mm 和尺寸（60±0.02）mm，如图 2.2.2 所示。

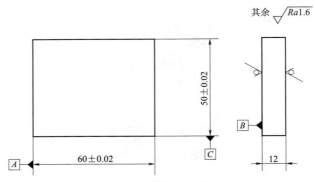

图 2.2.2　凸件加工步骤（1）

（2）先锯下第一个角，再沉割 1 mm×1 mm，然后加工，保证尺寸（30±0.02）mm 和尺寸（40±0.02）mm，如图 2.2.3 所示。

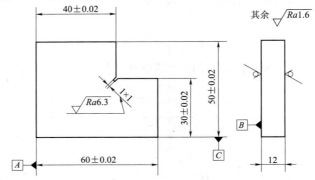

图 2.2.3　凸件加工步骤（2）

（3）锯下另外一个角，再沉割 1 mm×1 mm，然后加工，保证尺寸（20±0.02）mm 和尺寸（30±0.02）mm，注意测量角度，应满足 90°±3′，如图 2.2.4 所示。

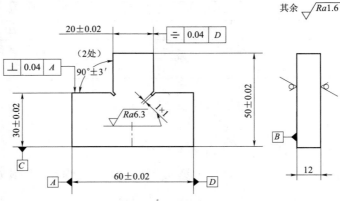

图 2.2.4　凸件加工步骤（3）

5. 教学评价

完成本次教学任务后，按表 2.2.2 进行教学评价。

表 2.2.2　凸件制作评分表

序号	考核内容	考核要求	配分	评分标准	得分
1	尺寸精度	（60±0.02）mm（1 处）	10 分	超差不得分	
2	尺寸精度	（30±0.02）mm（2 处）	18 分	超差不得分	
3	尺寸精度	（50±0.02）mm（1 处）	9 分	超差不得分	
4	尺寸精度	（20±0.02）mm（1 处）	9 分	超差不得分	
5	角度	90°±3′（2 处）	18 分	超差不得分	
6	垂直度	0.04 mm（2 处）	10 分	超差不得分	
7	对称度	0.04 mm（1 处）	8 分	超差不得分	
8	平面度	0.03 mm（8 处）	8 分	超差不得分	
9	沉割	1 mm×1 mm（2 处）	5 分	超差不得分	
10	表面粗糙度	Ra1.6（8 处）	4 分	超差不得分	
11	表面粗糙度	Ra6.3（2 处）	1 分	超差不得分	
安全及文明生产	1. 按国家颁发的有关法规或行业的（企业）的规定。 2. 按行业（企业）自定的有关规定			扣分不超过 10 分	
工作时间	6 课时			根据超工时定额情况扣分	
总评得分					

6. 拓展训练

（1）如图 2.2.5 所示，按要求加工零件。技术要求：①　各棱边允许倒钝 0.5 mm；②　除不需要加工的平面外，其他平面的平面度为 0.03 mm；③　内六角允许沉割。

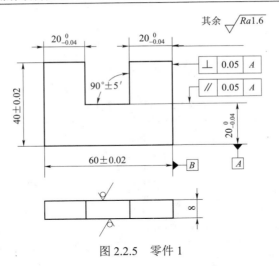

图 2.2.5　零件 1

（2）如图 2.2.6 所示，按要求加工零件。技术要求：① 各棱边允许倒钝 0.5 mm；② 沉割尺寸为 1mm×45°；③ 除不需要加工的平面外，其他平面的平面度不大于 0.03 mm。

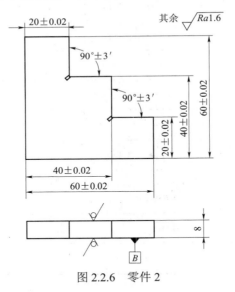

图 2.2.6　零件 2

项目 **3**

凸凹配合件制作

本项目是一次锯、锉双项操作练习教学，在制作凸凹配合件的过程中使操作者掌握一定的划线、锯削、锉削的基本操作技能，还要掌握相关理论知识。

（1）教学重点：划线、锯削、锉削基本操作方法及注意事项。

（2）教学方法：讲授、演示。

1. 教学目标

1）任务目的

（1）初步掌握划线前零件图样的分析，体会划线基准的确定，掌握划线尺寸的计算方法。

（2）掌握锯削和锉削加工的技巧、基本操作方法及注意事项。

（3）学会正确使用量具，掌握各种测量方法。

2）技术要求

本项目制作的凸凹配合件加工零件如图 2.3.1 所示，其技术要求如下：

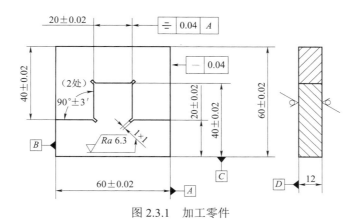

图 2.3.1　加工零件

（1）相互配合间隙≤0.04 mm，翻转配合间隙≤0.04 mm；

（2）配合后两侧直线度≤0.04 mm；

（3）各棱边允许倒钝 0.05 mm；

（4）各锉削面平面度≤0.03 mm。

2. 教学内容

完成本项目任务，需要具备机械制图识图、公差配合与测量技术、机械设计基础、金属切削工艺学、钳工工艺学等相关课程理论知识，必须对钳工工艺相关知识有一定了解。通过本次训练，掌握以下专业知识和技能：

（1）划线前零件图样的分析；

（2）划线基准的确定；

（3）划线尺寸的计算；

（4）锯削、锉削工具的使用技巧；

（5）锯削、锉削基本操作方法及注意事项。

3. 教学准备

为完成本次教学任务，需要按照表 2.3.1 所列清单准备材料、工量具。

表 2.3.1 材料、工量具清单

项目实施材料、工量具清单								
材料清单			工具清单			量具清单		
序号	材料	规格/mm	序号	工具	规格/mm	序号	量具	规格/mm
1	Q235	40.5×60.5	1	平锉	250	1	游标卡尺	0～150
2	Q235	40.5×60.5	2	平锉	200	2	千分尺	0～25
3			3	平锉	150	3	千分尺	25～50
4			4	三角锉	150	4	千分尺	50～75
5			5	划针		5	千分尺	75～100
6			6	划针座		6	高度尺	0～300
7			7	锯弓		7	刀口尺	
8			8	锯条		8	直角尺	
9			9			9	塞尺	

4. 教学过程

凸凹配合件加工的具体步骤如下:

(1) 先加工第一个基准面 C,再加工第二个基准面 A,然后加工其对面,并保证尺寸 (40±0.02) mm 和尺寸 (60±0.02) mm,如图 2.3.2 所示。

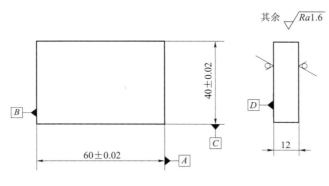

图 2.3.2 凸件加工步骤(1)

(2) 先下拐角的余料,再沉割,然后加工尺寸,并保证尺寸 (40±0.02) mm 和尺寸 (20±0.02) mm,如图 2.3.3 所示。

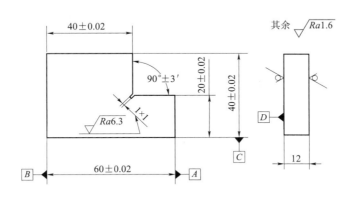

图 2.3.3 凸件加工步骤(2)

(3) 再下另外一个角的余料,再沉割,然后加工尺寸,保证尺寸 (20±0.02) mm 和对称度 0.04 mm,如图 2.3.4 所示。

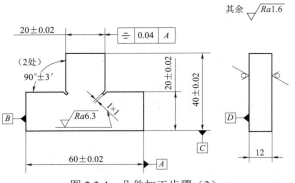

图 2.3.4　凸件加工步骤（3）

（4）下凹件的余料，再沉割，然后加工尺寸，可以采用间接尺寸加工和尺寸转换，通过保证 0.04 mm 的对称度来保证 0.04 mm 的直线度，如图 2.3.5 所示。

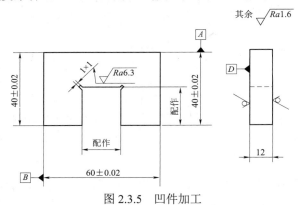

图 2.3.5　凹件加工

（5）间隙检测。先把凸、凹件配合上，再用塞尺检测其间隙，然后把凸件翻转 180° 配合再检测，如图 2.3.6 所示。

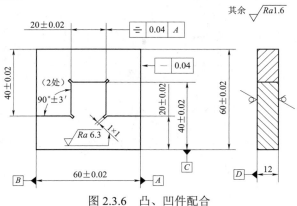

图 2.3.6　凸、凹件配合

5. 教学评价

完成本教学任务后，按表 2.3.2 进行教学效果评价。

表 2.3.2 凸凹配合件制作评分表

序号	考核内容	考核要求	配分	评分标准	得分
1	配合间隙	≤0.04 mm	10 分	超差不得分	
2	凸件转换间隙	≤0.04 mm	10 分	超差不得分	
3	尺寸精度	（60±0.02）mm（2 处）	10 分	超差不得分	
4	尺寸精度	（40±0.02）mm（2 处）	10 分	超差不得分	
5	尺寸精度	（20±0.02）mm（3 处）	15 分	超差不得分	
6	角度	90°±3′（2 处）	10 分	超差不得分	
7	直线度	0.04 mm（2 处）	8 分	超差不得分	
8	对称度	0.04 mm（1 处）	4 分	超差不得分	
9	平面度	0.03 mm（16 处）	8 分	超差不得分	
10	沉割	1 mm×1 mm（4 处）	5 分	超差不得分	
11	表面粗糙度	$Ra1.6$（16 处）	5 分	超差不得分	
12	表面粗糙度	$Ra6.3$（4 处）	5 分	超差不得分	
安全及文明生产	1. 按国家颁发的有关法规或行业（企业）的规定。 2. 按行业（企业）自定的有关规定			扣分不超过 10 分	
工作时间	12 课时			根据超工时定额情况扣分	
总评得分					

6. 拓展训练

（1）如图 2.3.7 所示，按要求加工零件。技术要求：① 各棱边允许倒钝 0.5 mm；② 除不需要加工的平面外，其他平面的平面度为 0.03 mm；③ 内六角允许沉割。

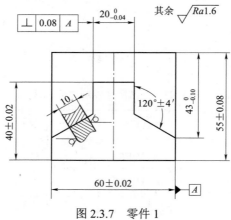

图 2.3.7 零件 1

（2）如图 2.3.8 所示，按要求加工零件。技术要求：① 各棱边允许倒钝 0.5 mm；② 沉割尺寸为 1 mm×45°；③ 除不需要加工的平面外，其他平面的平面度≤0.03 mm。

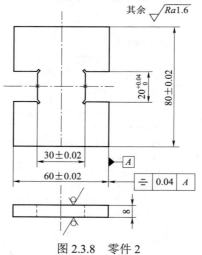

图 2.3.8 零件 2

外六角螺母制作

本项目是一次加工内螺纹的教学练习。在制作外六角螺母的过程中，使操作者掌握一定的平面锉削、锯削、钻孔、攻丝、角度基本测量技能，还要掌握相关理论知识。

（1）教学重点：掌握外六角螺母的加工方法及注意事项。

（2）教学方法：讲授、演示。

1. 教学目标

1）任务目的

（1）掌握把圆柱料加工成正六面体的方法。

（2）掌握攻螺纹的方法。

2）技术要求

本任务制作的外六角螺母零件图如图 2.4.1 所示，其技术要求如下：

（1）各棱边允许倒钝 0.05 mm；

（2）各锉削面的平面度≤0.03 mm；

（3）各加工面垂直于两侧面，垂直度≤0.03 mm。

2. 教学内容

完成本项目任务，需要掌握机械识图、公差配合与测量技术、机械设计基础、金属切削工艺、钳工工艺学等相关课程理论知识，必须对钳工工艺相关知识有一定了解。通过本次训练，掌握以下专业知识：

（1）加工六面体的基本知识；

（2）攻螺纹理论知识。

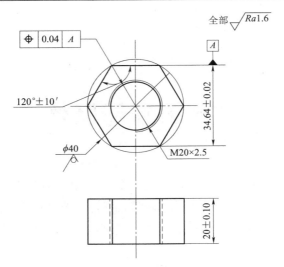

图 2.4.1 外六角螺母零件图

3. 教学准备

为完成本次教学任务，需要按表 2.4.1 所列清单准备材料、工量具。

表 2.4.1 材料、工量具清单

项目实施材料、工量具清单									
材料清单			工具清单			量具清单			
序号	材料	规格/mm	序号	工具	规格/mm	序号	量具	规格/mm	
1	Q235	$\phi40\times20.5$	1	平锉	250	1	游标卡尺	0～150	
2			2	平锉	200	2	千分尺	0～25	
3			3	平锉	150	3	千分尺	25～50	
4			4	三角锉	150	4	千分尺	50～75	
5			5	麻花钻	$\phi17.5$	5	千分尺	75～100	
6			6	丝锥	M20	6	高度游标卡尺	0～300	
7			7	样冲	标准	7	万能角度尺	0°～320°	
8			8	手锤	0.5 kg	8	刀口尺		
9			9	锯弓		9	直角尺		
10			10	锯条					

4. 教学过程

外六角螺母的具体加工步骤如下：

（1）先下料 ϕ 40 mm×20.5 mm，再锉削出一个基准面，参考值为（37.20±0.02）mm，如图 2.4.2 所示。

（2）锉削出基准面的对面，并保证加工尺寸（34.4±0.02）mm，如图 2.4.3 所示。

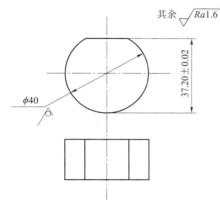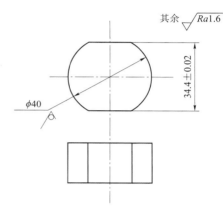

图 2.4.2　外六角螺母加工步骤（1）　　　　图 2.4.3　外六角螺母加工步骤（2）

（3）锉削出一个基准面的邻面，并保证角度尺寸 120°±10′ 和长度尺寸（34.4±0.02）mm，如图 2.4.4 所示。

（4）锉削出步骤（3）所锉削面的对面，并保证角度尺寸 120°±10′ 和长度尺寸（34.4±0.02）mm，如图 2.4.5 所示。

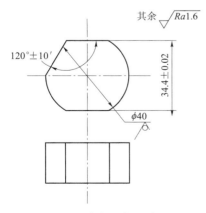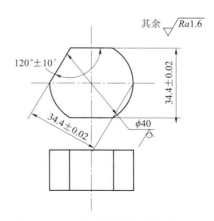

图 2.4.4　外六角螺母加工步骤（3）　　　　图 2.4.5　外六角螺母加工步骤（4）

（5）锉削另一个基准面的邻面，并保证角度尺寸 120°±10′ 和长度尺寸（34.4±0.02）mm，如图 2.4.6 所示。

（6）锉削步骤（5）所锉削面的对面，并保证角度尺寸 120°±10′ 和长度尺寸（34.4±0.02）mm，如图 2.4.7 所示。

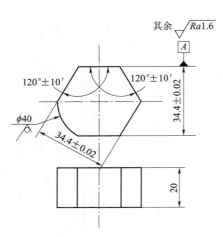

图 2.4.6　外六角螺母加工步骤（5）

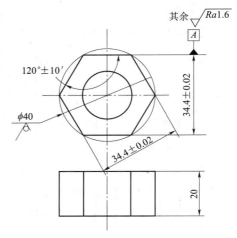

图 2.4.7　外六角螺母加工步骤（6）

（7）先锉削螺母的两个大面，保证尺寸（20±0.10）mm，再用样冲打样冲眼，并尽量保证位置度 0.04 mm，然后打 M20 的底孔 ϕ17.5 mm，并保证位置度 0.04 mm，如图 2.4.8 所示。

（8）攻 M20 的内螺纹，如图 2.4.9 所示。

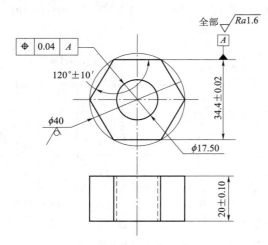

图 2.4.8　外六角螺母加工步骤（7）

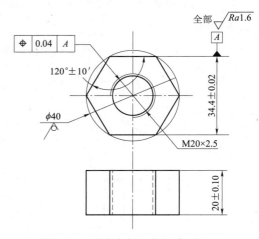

图 2.4.9　外六角螺母加工步骤（8）

5. 教学评价

完成教学任务后，按表 2.4.2 进行教学效果评价。

表 2.4.2　外六角螺母制作评分表

序号	考核内容	考核要求	配分	评分标准	得分
1	尺寸精度	（37.20±0.02）mm（1 处）	6 分	超差不得分	
2	尺寸精度	（34.4±0.02）mm（2 处）	12 分	超差不得分	
3	尺寸精度	（20±0.10）mm（1 处）	5 分	超差不得分	
4	角度	60°±10′（6 处）	24 分	超差不得分	
5	内螺纹	M20×2.5 mm（1 处）	5 分	超差不得分	
6	位置度	0.04 mm（6 处）	24 分	超差不得分	
7	平面度	0.03 mm（8 处）	16 分	超差不得分	
8	表面粗糙度	Ra1.6（8 处）	8 分	超差不得分	
安全及文明生产	1. 按国家颁发的有关法规或行业（企业）的规定。 2. 按行业（企业）自定的有关规定			扣分不超过 10 分	
工作时间	18 课时			根据超工时定额情况扣分	
总评得分					

内外圆弧凸凹模板制作

本项目是一次锯削、锉削双项操作练习教学，在制作凸凹模板的过程中使操作者掌握一定的划线、锯削、锉削的基本操作技能，还要掌握相关理论知识。

（1）教学重点：内、外圆弧面的锉削基本操作方法及注意事项。

（2）教学方法：讲授、演示。

1. 教学目标

1）任务目的

（1）内圆弧锉削方法。

（2）外圆弧锉削方法。

2）技术要求

本任务制作的内外圆弧凸凹模板零件图如图 2.5.1 所示，其技术要求如下：

（1）平面相互配合间隙≤0.04 mm，两次翻转配合间隙≤0.04 mm；

（2）圆弧面相互配合间隙≤0.05 mm；

（3）各棱边允许倒钝 0.05 mm；

（4）各锉削面平面度≤0.03 mm。

2. 教学内容

完成本项目任务，需要具备机械制图识图、公差配合与测量技术、机械设计基础、金属切削工艺学、钳工工艺学等相关课程理论知识，必须对钳工工艺相关知识有一定了解。通过本次训练，掌握以下专业知识和技能：

（1）内圆弧锉削方法；

（2）外圆弧锉削方法。

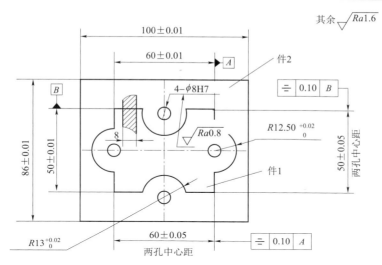

图 2.5.1　内外圆弧凸凹模板零件图

3. 教学准备

为完成本教学任务，需要按表 2.5.1 所示清单准备材料、工量具。

表 2.5.1　材料、工量具清单

项目实施材料、工量具清单								
材料清单			工具清单			量具清单		
序号	材料	规格/mm	序号	工具	规格/mm	序号	量具	规格/mm
1	Q235	86×51	1	平锉	250	1	游标卡尺	0～150
2	Q235	101×101	2	平锉	200	2	千分尺	0～25
3			3	平锉	150	3	千分尺	25～50
4			4	三角锉	150	4	千分尺	50～75
5			5	圆锉	200	5	千分尺	75～100
6			6	半圆锉	200	6	高度尺	0～300
7			7	麻花钻	$\phi 9.8$	7	万能角度尺	0°～320°
8			8	麻花钻	$\phi 3$	8	直角尺	
9			9	铰刀	$\phi 8H7$	9	刀口尺	
10			10	样冲	标准		R 规	
			11	手锤	0.5 kg			
			12	锯弓				
			13	锯条				

4. 教学过程

内外圆弧凸凹模板的具体加工步骤如下：

（1）先加工第一个基准面，再加工第二个基准面，然后加工两个基准面的对面，并保证加工尺寸（85±0.01）mm 和尺寸（50±0.01）mm，如图 2.5.2 所示。

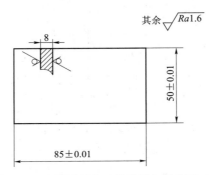

图 2.5.2　内外圆弧凸凹件模板加工步骤（1）

（2）先加工第一基准面，再加工第二基准面，然后加工两个基准面的对面，并保证加工尺寸（100±0.01）mm 和尺寸（86±0.01）mm，如图 2.5.3 所示。

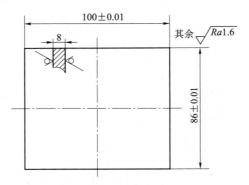

图 2.5.3　内外圆弧凸凹模板加工步骤（2）

（3）先加工第一个圆弧，保证加工尺寸 $R12.50_{0}^{+0.02}$ mm，并保证对称度，如图 2.5.4 所示。

（4）再加工另一个圆弧，保证加工尺寸（60±0.01）mm 和 $R12.50_{0}^{+0.02}$ mm，并保证对称度，如图 2.5.5 所示。

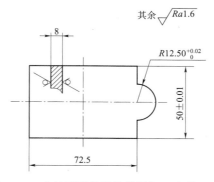

图 2.5.4　内外圆弧凸凹件模板加工步骤（3）

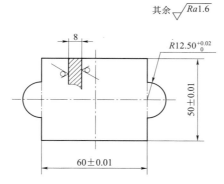

图 2.5.5　内外圆弧凸凹件加工步骤（4）

（5）通过凸件配合加工凹件，保证加工两个尺寸 $R13^{+0.02}_{0}$ mm，并保证间隙≤0.04 mm，如图 2.5.6 所示。

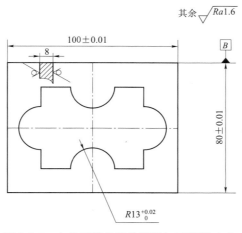

图 2.5.6　内外圆弧凸凹件模板加工步骤（5）

（6）通过凹件配作凸件两个 $R13\ \text{mm}$ 的半径尺寸，然后加工 $2\text{-}\phi8\text{H7}$ 的孔，保证尺寸（60±0.05）mm 和对称度 0.10 mm，如图 2.5.7 所示。

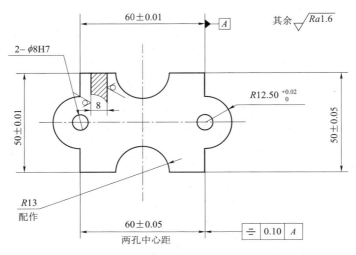

图 2.5.7　内外圆弧凸凹模板加工步骤（6）

（7）通过凸件配作凹件两个 $R13\ \text{mm}$ 的半径尺寸，然后加工 $2\text{-}\phi8\text{H7}$ 的孔，保证尺寸（50±0.01）mm 和对称度 0.10 mm，如图 2.5.8 所示。

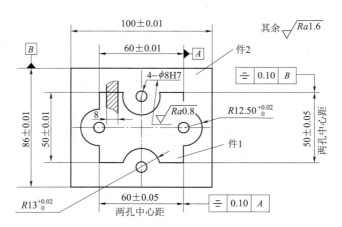

图 2.5.8　内外圆弧凸凹模板加工步骤（7）

5. 教学评价

完成本教学任务后，按表 2.5.2 进行教学效果评价。

表 2.5.2　内外圆弧凸凹模板制作评分表

序号	考核内容	考核要求	配分	评分标准	得分
1	配合间隙	≤0.04 mm（10 处）	24 分	超差不得分	
2	翻转配合间隙	≤0.04 mm（10 处）	24 分	超差不得分	
3	尺寸精度	（100±0.01）mm（1 处）	3 分	超差不得分	
4	尺寸精度	（86±0.01）mm（1 处）	3 分	超差不得分	
5	尺寸精度	（60±0.01）mm（1 处）	3 分	超差不得分	
6	尺寸精度	（50±0.01）mm（1 处）	3 分	超差不得分	
7	尺寸精度	（60±0.05）mm（2 处）	6 分	超差不得分	
8	尺寸精度	$R13^{+0.02}_{0}$ mm（2 处）	6 分	超差不得分	
9	尺寸精度	$R12.5^{+0.02}_{0}$ mm（2 处）	6 分	超差不得分	
10	孔精度	$4-\phi8H7$（2 处）	8 分	超差不得分	
11	对称度	0.10 mm（2 处）	6 分	超差不得分	
12	表面粗糙度	$Ra1.6$	8 分	超差不得分	
安全及文明生产	1. 按国家颁发的有关法规或行业（企业）的规定。 2. 按行业（企业）自定的有关规定			扣分不超过 10 分	
工作时间	6 课时			根据超工时定额情况扣分	
总评得分					

6. 拓展训练

（1）如图 2.5.9 所示，按要求完成零件加工。

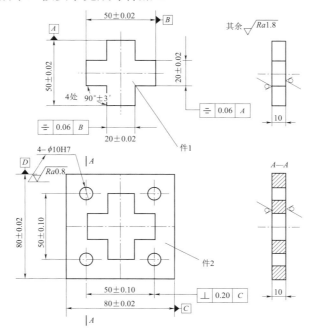

图 2.5.9　零件图（1）

（2）如图 2.5.10 所示，材料厚度 8 mm，按要求加工零件。

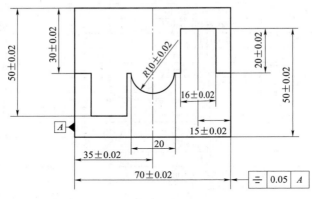

图 2.5.10 零件图（2）

（3）如图 2.5.11 所示，按要求完成零件加工。

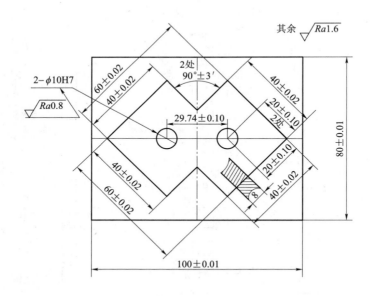

图 2.5.11 零件图（3）

（4）如图 2.5.12 所示，按要求完成零件加工。

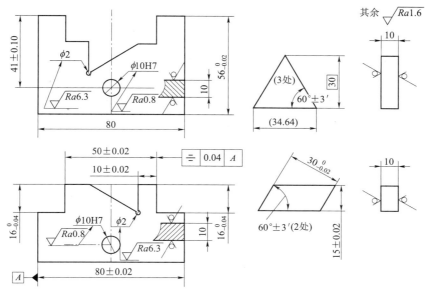

图 2.5.12　零件图（4）

山字形盲配件制作

本项目是一次锯削、锉削双项操作教学练习。在制作山字形盲配件的过程中，使操作者掌握各种常用量具的使用方法及划线、锯削、锉削的基本操作技能，还要掌握相关理论知识。

（1）教学重点：常用量具的使用，划线、锯削、锉削基本操作方法及注意事项。

（2）教学方法：讲授、演示。

1. 教学目标

1）任务目的

（1）游标卡尺、千分尺、万能角度尺的使用方法。

（2）正确使用量具。

（3）掌握平面度的测量方法。

2）技术要求

本项目制作的山字形盲配件的零件图如图 2.6.1 所示，其技术要求如下：

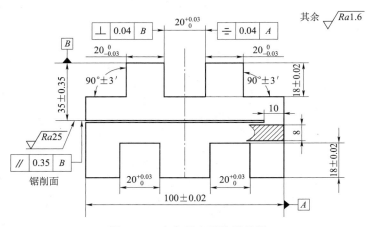

图 2.6.1　山字形盲配件零件图

（1）内直角采用清角方式处理，此件锯开后进行配合间隙检查，相互配合间隙≤0.04 mm，凸件翻转配合间隙≤0.04 mm；

（2）配合后两侧直线度≤0.08 mm；

（3）各棱边允许倒钝 0.05 mm；

（4）各锉削面平面度≤0.03 mm；

（5）各加工面垂直于不加工面基准 B 的垂直度≤0.03 mm；

（6）本毛坯的两个大侧面不需要加工。

2. 教学内容

完成本项目任务需要具备机械制图识图、公差配合与测量技术、机械设计基础、金属切削工艺学、钳工工艺学等相关课程理论知识，必须对钳工工艺相关知识有一定了解。

通过本次训练，掌握以下专业知识：

（1）游标卡尺、千分尺、万能角度尺的使用方法；

（2）锯削、锉削操作技巧及注意事项。

3. 教学准备

为完成本次教学任务，须按表 2.6.1 所列清单准备材料、工量具。

表 2.6.1　材料、工量具清单

项目实施材料、工量具清单								
材料清单			工具清单			量具清单		
序号	材料	规格/mm	序号	工具	规格/mm	序号	量具	规格/mm
1	Q235	40.5×60.5	1	平锉	250	1	游标卡尺	0～150
2	Q235	40.5×60.5	2	平锉	200	2	千分尺	0～25
3			3	平锉	150	3	千分尺	25～50
4			4	三角锉	150	4	千分尺	50～75
			5	划针			千分尺	75～100
			6	划针座			高度尺	0～300
			7	锯弓			刀口尺	
			8	锯条			直角尺	
			9				万能角度尺	0°～320°

4. 教学过程

制作山字形盲配件的具体加工步骤如下：

（1）先加工第一个基准面，再加工与第一个基准面垂直的任意一个面，然后加工它们的对面，并保证尺寸（100±0.02）mm 和尺寸（60±0.02）mm，最后把中部尺寸为 20 mm×18 mm 的废料排掉，加工尺寸分别为 $20^{+0.03}_{0}$ mm 和（18±0.02）mm，并保证对称度 0.04 mm 和垂直度 0.04 mm，如图 2.6.2 所示。

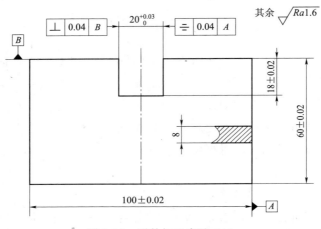

图 2.6.2 零件加工步骤（1）

（2）把一个角的尺寸为 20 mm×18 mm 的废料排掉，加工尺寸分别为 $20^{0}_{-0.03}$ mm 和（18±0.02）mm，并保证角度 90°±3′，如图 2.6.3 所示。

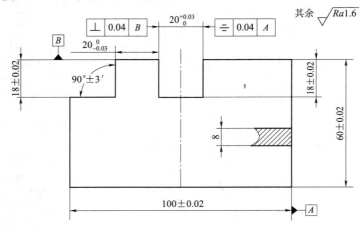

图 2.6.3 零件加工步骤（2）

（3）把另一个角的尺寸为20 mm×18 mm的废料排掉,加工尺寸分别为$20_{-0.03}^{0}$ mm 和（18±0.02）mm，并保证角度 90°±3′，如图 2.6.4 所示。

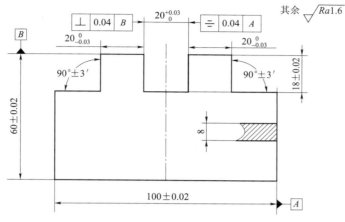

图 2.6.4　零件加工步骤（3）

（4）把凹件的一个尺寸为 20 mm×18 mm 的废料排掉，加工尺寸分别为$20_{0}^{+0.03}$ mm 和（18±0.02）mm，如图 2.6.5 所示。

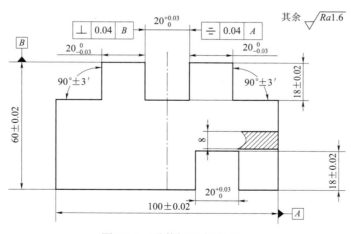

图 2.6.5　零件加工步骤（4）

（5）把凹件的另一个尺寸为 20 mm×18 mm 的废料排掉，加工尺寸分别为$20_{0}^{+0.03}$ mm 和（18±0.02）mm，如图 2.6.6 所示。

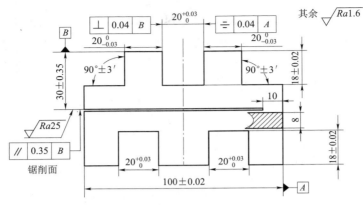

图 2.6.6　零件加工步骤（5）

5. 教学评价

完成本教学任务后，按表 2.6.2 进行教学效果评价。

表 2.6.2　山字形盲配件制作评分表

序号	考核内容	考核要求	配分	评分标准	得分
1	配合间隙	≤0.04 mm	27 分	超差不得分	
2	错位量	≤0.04 mm	8 分	超差不得分	
3	尺寸精度	（100±0.02）mm（1 处）	3 分	超差不得分	
4	尺寸精度	（60±0.02）mm（1 处）	3 分	超差不得分	
5	尺寸精度	（30±0.35）mm（1 处）	3 分	超差不得分	
6	尺寸精度	$20_{-0.03}^{0}$ mm（4 处）	6 分	超差不得分	
7	尺寸精度	（18±0.02）mm（2 处）	12 分	超差不得分	
8	尺寸精度	$20_{0}^{+0.03}$ mm（3 处）	9 分	超差不得分	
9	角度	90°±3′（2 处）	6 分	超差不得分	
10	垂直度	0.04 mm（2 处）	3 分	超差不得分	
11	平面度	0.02 mm（20 处）	5.5 分	超差不得分	
12	平行度	0.35 mm（1 处）	5.5 分	超差不得分	
13	对称度	0.04 mm（1 处）	3 分	超差不得分	
14	表面粗糙度	Ra1.6（20 处）	5 分	超差不得分	
15	表面粗糙度	Ra25（1 处）	1 分	超差不得分	
安全及文明生产	1. 按国家颁发的有关法规或行业（企业）的规定。 2. 按行业（企业）自定的有关规定			扣分不超过 10 分	
工作时间	6 课时			根据超工时定额情况扣分	
总评得分					

6. 拓展训练

（1）如图 2.6.7 所示，按要求完成零件加工。技术要求如下：① 各棱边允许倒钝 0.5 mm；② 沉割尺寸为 1 mm×45°；③ 除不需要加工的平面外，其他平面的平面度为 0.03 mm。

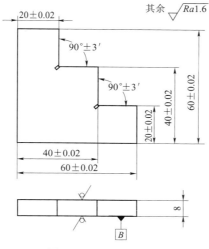

图 2.6.7　零件图（1）

（2）如图 2.6.8 所示，按图形加工零件。技术要求如下：① 各棱边允许倒钝 0.5 mm；② 沉割尺寸为 1 mm×45°。

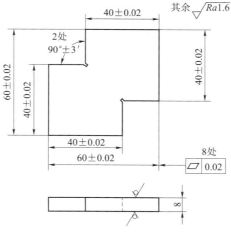

图 2.6.8　零件图（2）

单件双燕尾制作

本项目是一次钻孔、锯削、锉削综合操作教学练习。在制作单件双燕尾的过程中，使操作者掌握各种孔的加工方法及划线、锯削、锉削的基本操作技能，还要掌握相关理论知识。

（1）教学重点：钻孔、铰孔、扩孔和锪孔知识，划线、锯削、锉削基本操作方法及注意事项。

（2）教学方法：讲授、演示。

1. 教学目标

1）任务目的

（1）掌握钻孔、铰孔、扩孔、锪孔的加工操作方法。

（2）正确使用量具。

（3）划线、锯削、锉削操作的技巧及注意事项。

2）技术要求

本项目制作的单件双燕尾的零件图如图 2.7.1 所示，其技术要求如下：

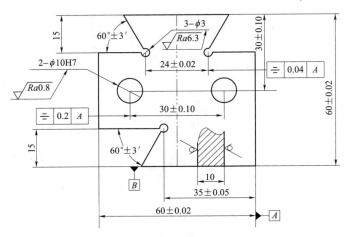

图 2.7.1　单件双燕尾零件图

（1）各棱边允许倒钝 0.05 mm；

（2）各锉削面平面度≤0.03 mm。

2. 教学内容

完成本项目任务，需要具备机械制图识图、公差配合与测量技术、机械设计基础、金属切削工艺学、钳工工艺学等相关课程理论知识，必须对钳工工艺相关知识有一定了解。通过本次训练，掌握以下专业知识：

（1）钻孔、铰孔、扩孔和锪孔知识；

（2）划线、锯削、锉削操作技巧及注意事项。

3. 教学准备

为完成本次教学任务，需要按表 2.7.1 所示清单准备材料、工量具。

表 2.7.1　材料、工量具清单

项目实施材料、工量具清单								
材料清单			工具清单			量具清单		
序号	材料	规格/mm	序号	工具	规格/mm	序号	量具	规格/mm
1	Q235	60.5×60.5	1	平锉	250	1	游标卡尺	0～150
			2	平锉	200	2	千分尺	0～25
			3	平锉	150	3	千分尺	25～50
			4	三角锉	150	4	千分尺	50～75
			5	麻花钻	$\phi 9.8$	5	千分尺	75～100
			6	麻花钻	$\phi 3$	6	高度尺	0～300
			7	铰刀	$\phi 10H7$	7	刀口尺	
			8	样冲	标准	8	直角尺	
			9	手锤	0.5 kg	9	万能角度尺	0°～320°
			10	锯条、锯弓				

4. 教学过程

单件双燕尾的具体加工步骤如下：

（1）先加工第一个基准面 B，再加工与第一个基准面垂直的任意一个面，然后加工它们的对面，并保证加工尺寸（60±0.02）mm，如图 2.7.2 所示。

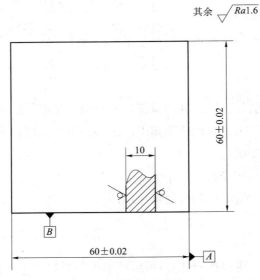

图 2.7.2　零件加工步骤（1）

（2）先打 3 个 $\phi 3$ mm 的工艺孔，再把一个燕尾角的废料排掉，并按尺寸 $15_{-0.03}^{0}$ mm 和 $60° \pm 3'$ 进行加工，如图 2.7.3 所示。

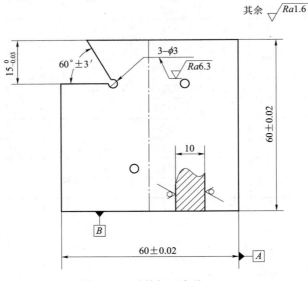

图 2.7.3　零件加工步骤（2）

（3）把另一个燕尾角的废料排掉，按尺寸 $15_{-0.03}^{0}$ mm 和 $60° \pm 3'$ 进行加工，并保证 0.04 mm

的对称度，如图 2.7.4 所示。

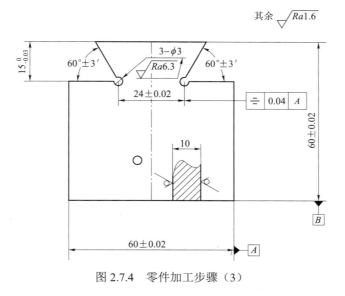

图 2.7.4　零件加工步骤（3）

（4）把对面的另一个燕尾角的废料排掉，并按尺寸 $15^{+0.03}_{0}$ mm 和 $60°±3'$ 进行加工，如图 2.7.5 所示。

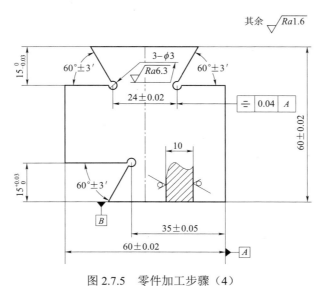

图 2.7.5　零件加工步骤（4）

（5）孔加工，先准确划线，再用样冲准确打样冲眼（方法很多，如果打样冲眼，就一定要打准，因为孔的尺寸精度和对称度全靠打样冲眼保证），然后用 $\phi 9.8$ mm 的麻花钻打底孔，再用 $\phi 10$ mm 的铰刀进行孔的精加工，保证 H7 的精度和 0.8 mm 的表面粗糙度，并保证加工尺寸（30±0.10）mm 和孔的对称度 0.2 mm，如图 2.7.6 所示。

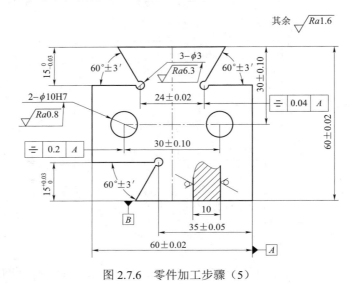

图 2.7.6　零件加工步骤（5）

5. 教学评价

完成本教学任务后，按表 2.7.2 进行教学效果评价。

表 2.7.2　单件双燕尾制作评分表

序号	考核内容	考核要求	配分	评分标准	得分
1	尺寸精度	（60±0.02）mm（2 处）	6 分	超差不得分	
2	尺寸精度	$15_{-0.03}^{0}$ mm（2 处）	20 分	超差不得分	
3	尺寸精度	$15_{0}^{+0.03}$ mm（1 处）	10 分	超差不得分	
4	尺寸精度	（24±0.02）mm（1 处）	5 分	超差不得分	
5	尺寸精度	（30±0.10）mm（2 处）	10 分	超差不得分	
6	尺寸精度	（35±0.05）mm（1 处）	5 分	超差不得分	
7	角度	60°±3′（3 处）	12 分	超差不得分	
8	平面度	0.03 mm（10 处）	10 分	超差不得分	

序号	考核内容	考核要求	配分	评分标准	得分
9	对称度	0.20 mm（1 处）	3 分	超差不得分	
10	对称度	0.04 mm（1 处）	3 分	超差不得分	
11	孔	2-ϕ10H7（2 处）	6 分	超差不得分	
12	表面粗糙度	Ra1.6（10 处）	5 分	超差不得分	
13	表面粗糙度	Ra0.8（10 处）	5 分	超差不得分	
安全及文明生产	1. 按国家颁发的有关法规或行业（企业）的规定。 2. 按行业（企业）自定的有关规定			扣分不超过 10 分	
工作时间	12 课时			根据超工时定额情况扣分	
总评得分					

6. 拓展训练

（1）如图 2.7.7 所示，按要求完成零件加工。

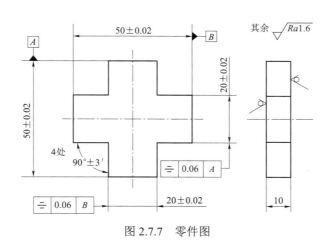

图 2.7.7 零件图

（2）如图 2.7.8 所示，按图形要求加工零件。技术要求：① 工件不得自行锯断，否则按废件处理；② 工件正、反向配合间隙不大于 0.05 mm；③ 锐角倒钝。

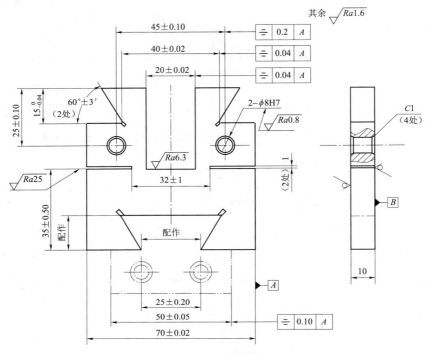

图 2.7.8　零件图

项目 8

双燕尾对配制作

本项目是一次钻孔、锯削、锉配综合操作教学练习。在制作双燕尾对配的过程中，使操作者掌握燕尾检测方法及划线、锯削、锉配的基本操作技能，还要掌握相关理论知识。

（1）教学重点：燕尾检测方法。

（2）教学方法：讲授、演示。

1. 教学目标

1）任务目的

掌握燕尾检测方法、平面度检测方法、直线度检测方法。

2）技术要求

本项目制作的双燕尾对配的零件图如图 2.8.1 所示，其技术要求如下：

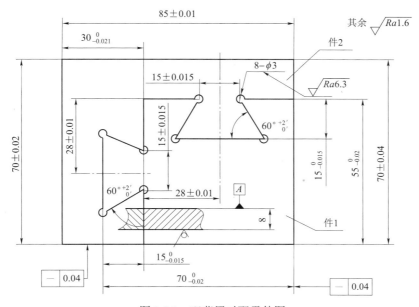

图 2.8.1　双燕尾对配零件图

（1）相互配合间隙≤0.04 mm；

（2）配合后两侧直线度≤0.04 mm；

（3）各棱边允许倒钝 0.05 mm；

（4）各锉削面平面度≤0.03 mm；

（5）各加工面垂直于不加工面基准 *A* 的垂直度≤0.03 mm。

2. 教学内容

完成本项目任务，需要具备机械制图识图、公差配合与测量技术、机械设计基础、金属切削工艺学、钳工工艺学等相关课程理论知识，必须对钳工工艺相关知识有一定了解。通过本次训练，掌握以下专业知识：

（1）燕尾检测方法；

（2）平面度检测方法；

（3）直线度检测方法。

3. 教学准备

为完成本次教学任务，须按表 2.8.1 所示清单准备材料、工量具。

表 2.8.1　材料、工量具清单

<table>
<tr><td colspan="9">项目实施材料、工量具清单</td></tr>
<tr><td colspan="3">材料清单</td><td colspan="3">工具清单</td><td colspan="3">量具清单</td></tr>
<tr><td>序号</td><td>材料</td><td>规格/mm</td><td>序号</td><td>工具</td><td>规格/mm</td><td>序号</td><td>量具</td><td>规格/mm</td></tr>
<tr><td>1</td><td>Q235</td><td>80.5×70.5</td><td>1</td><td>平锉</td><td>250</td><td>1</td><td>游标卡尺</td><td>0～150</td></tr>
<tr><td>2</td><td>Q235</td><td>70.5×55.5</td><td>2</td><td>平锉</td><td>200</td><td>2</td><td>千分尺</td><td>0～25</td></tr>
<tr><td></td><td></td><td></td><td>3</td><td>平锉</td><td>150</td><td>3</td><td>千分尺</td><td>25～50</td></tr>
<tr><td></td><td></td><td></td><td>4</td><td>三角锉</td><td>150</td><td>4</td><td>千分尺</td><td>50～75</td></tr>
<tr><td></td><td></td><td></td><td>5</td><td>麻花钻</td><td>$\phi 3$</td><td>5</td><td>千分尺</td><td>75～100</td></tr>
<tr><td></td><td></td><td></td><td>6</td><td>样冲</td><td>标准</td><td>6</td><td>高度尺</td><td>0～300</td></tr>
<tr><td></td><td></td><td></td><td>7</td><td>手锤</td><td>0.5 kg</td><td>7</td><td>直角尺</td><td></td></tr>
<tr><td></td><td></td><td></td><td>8</td><td>锯条、锯弓</td><td></td><td>8</td><td>万能角度尺</td><td>0°～320°</td></tr>
</table>

4. 教学过程

制作双燕尾对配的具体加工步骤如下：

（1）大钢板加工。先加工第一个基准面，再加工与第一个基准面垂直的任意一个面作为第二个基准面，然后加工它们的对面，并保证两个尺寸分别为（85±0.01）mm 和（70±0.01）mm，如图 2.8.2 所示。

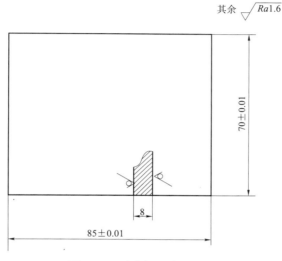

图 2.8.2　零件加工步骤（1）

（2）小钢板加工。先加工第一基准面，再加工与第一基准面垂直的任意一个面作为第二基准面。然后加工它们的对面，并保证两个尺寸分别为 $70_{-0.02}^{0}$ mm 和 $55_{-0.02}^{0}$ mm，如图 2.8.3 所示。

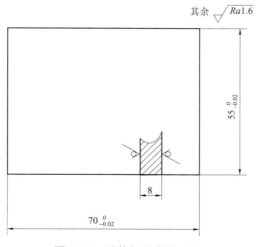

图 2.8.3　零件加工步骤（2）

（3）把大钢板右下角废料排掉，加工尺寸为 $30_{-0.021}^{0}$ mm，如图 2.8.4 所示。

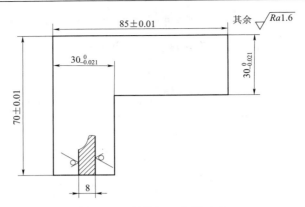

图 2.8.4   零件加工步骤（3）

（4）先打 4 个 $\phi 3$ 的工艺孔，再把一个燕尾角的废料排掉，并加工成以下尺寸：$15_{-0.015}^{0}$ mm，(28 ± 0.01) mm，以及角度 $60^{\circ}{}_{0'}^{+2'}$，如图 2.8.5 所示。

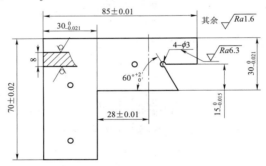

图 2.8.5   零件加工步骤（4）

（5）把另一个燕尾角的废料排掉，加工尺寸（15 ± 0.015）mm 和（28 ± 0.01）mm，两个角度均为 $60^{\circ}{}_{0'}^{+2'}$，如图 2.8.6 所示。

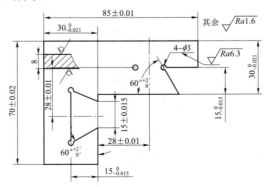

图 2.8.6   零件加工步骤（5）

（6）把对面的另一个燕尾角的废料排掉，加工尺寸为（15±0.015）mm，角度为 $60°^{+2'}_{0'}$，如图 2.8.7 所示。

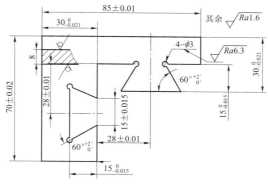

图 2.8.7　零件加工步骤（6）

（7）加工另一个工件，先打 4 个 $\phi3$ mm 的工艺孔，再把对面的另一个燕尾角的废料排掉，加工尺寸为 $15^{0}_{-0.015}$ mm 和（28±0.01）mm，角度为 $60°^{+2'}_{0'}$，如图 2.8.8 所示。

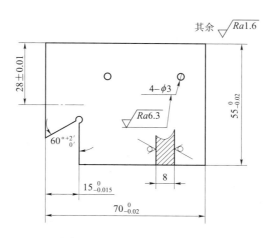

图 2.8.8　零件加工步骤（7）

（8）把另一个燕尾角的废料排掉，加工尺寸为（15±0.015）mm 和 $15^{0}_{-0.015}$ mm，两个角度均为 $60°^{+2'}_{0'}$，如图 2.8.9 所示。

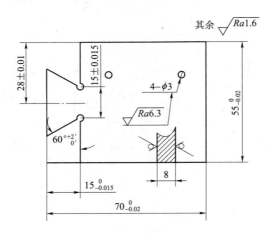

图 2.8.9　零件加工步骤（8）

（9）把另一个燕尾角的废料排掉，加工尺寸为（15±0.015）mm 和 $15_{-0.015}^{0}$ mm，两个角度均为 $60°_{0'}^{+2'}$，如图 2.8.10 所示。

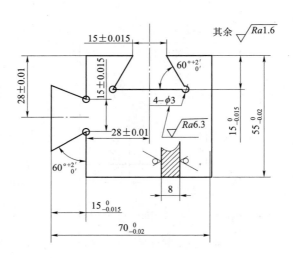

图 2.8.10　零件加工步骤（9）

（10）边制作，边配合，边修配间隙，如图 2.8.11 所示。

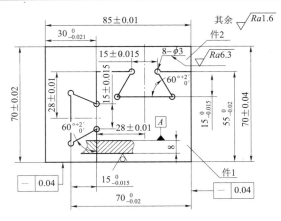

图 2.8.11　零件加工步骤（10）

5. 教学评价

完成本教学任务后，按表 2.8.2 进行教学效果评价。

表 2.8.2　双燕尾对配制作评分表

序号	考核内容	考核要求	配分	评分标准	得分
1	配合间隙	≤0.04 mm（10 处）	30 分	超差不得分	
2	尺寸精度	（70±0.04）mm（1 处）	3 分	超差不得分	
3	尺寸精度	（70±0.02）mm（1 处）	3 分	超差不得分	
4	尺寸精度	$70_{-0.02}^{0}$ mm（1 处）	4 分	超差不得分	
5	尺寸精度	（85±0.01）mm（1 处）	4 分	超差不得分	
6	尺寸精度	（15±0.015）mm（2 处）	7 分	超差不得分	
7	尺寸精度	$30_{-0.021}^{0}$ mm（1 处）	4 分	超差不得分	
8	尺寸精度	（28±0.01）mm（2 处）	7 分	超差不得分	
9	尺寸精度	$15_{-0.015}^{0}$ mm（2 处）	7 分	超差不得分	
10	尺寸精度	$55_{-0.02}^{0}$ mm（1 处）	4 分	超差不得分	
11	角度	$60°_{0'}^{+2'}$（3 处）	12 分	超差不得分	
12	平面度	0.03 mm（10 处）	5 分	超差不得分	
13	垂直度	0.03 mm（10 处）	5 分	超差不得分	
14	表面粗糙度	Ra1.6（15 处）	5 分	超差不得分	
安全及文明生产	1. 按国家颁发的有关法规或行业（企业）的规定。 2. 按行业（企业）自定的有关规定			扣分不超过 10 分	
工作时间	12 课时			根据超工时定额情况扣分	
总评得分					

锤 头 制 作

本项目是一次综合教学练习。在制作锤头的过程中，使操作者掌握一定的平面锉削、锯削、钻孔、攻丝及基本测量技能，还要掌握相关理论知识。

（1）教学重点：掌握锤头的加工方法及注意事项。

（2）教学方法：讲授、演示。

1. 教学目标

通过本项目练习，使前一阶段所学钳工基本技能得到综合运用，并进一步提高平面锉削、锯削、钻孔、攻丝及测量技能。本项目制作的锤头的零件图如图 2.9.1 所示。

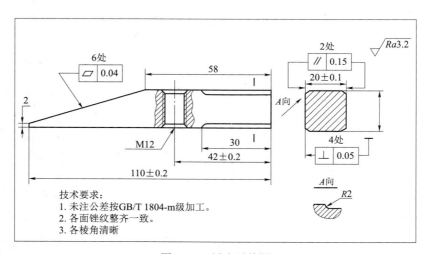

图 2.9.1　锤头零件图

2. 教学内容

完成本项目任务，需要具备机械制图识图、公差配合与测量技术、机械设计基础、金属切削工艺学、钳工工艺学等相关课程理论知识，必须对钳工工艺相关知识有一定了解。通过本次训练，掌握以下专业知识和技能：

（1）学会零件图纸识读与工艺路线分析；

（2）掌握锤头的加工方法及注意事项。

3. 教学准备

（1）使用材料：45 号钢、毛胚大小如图 2.9.2 所示。

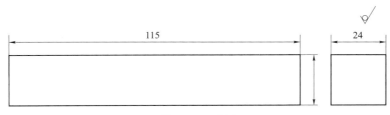

图 2.9.2　毛坯

（2）使用设备：台虎钳、台钻。

（3）使用工量具：钳工锉、整形锉、高度尺、划针、钻头、丝锥、铰杠、锯弓、手用锯条、样冲、游标卡尺、直角尺、刀口尺等。

4. 教学过程

1）工艺分析

任何零件，加工方法并不是唯一的，有多种方法可以选择。但为了便于加工，方便测量，保证加工质量，同时减小劳动强度，缩短时间周期，特列举下面加工路线：检查毛坯→分别加工第一、二、三面→加工端面→锯斜面→加工第四面→加工总长→加工斜面→加工倒角→钻孔、攻丝→精度复检→锐角倒钝并去毛刺，如图 2.9.3 所示。

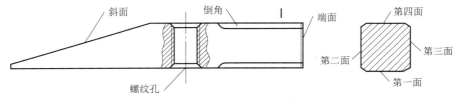

图 2.9.3　锤头工艺分析图

2）加工步骤

具体加工步骤如下：

（1）检查毛坯尺寸大小、形状误差，确定加工余量。

问题 1： 为什么要检查毛坯尺寸大小、形状误差，确定加工余量？

（2）加工第一面，达到平面度 0.04 mm、粗糙度 Ra3.2 要求。

注意： 此面只有平面度和粗糙度要求，但为了后续尺寸加工有足够的余量，此面余量去除不要太多，尽量控制在 0.5 mm 左右。因为它是加工其他面的基准，为了减少累积误差，平面度应高于图纸要求。

（3）加工第二面，达到垂直度 0.05 mm、平面度 0.04 mm、粗糙度 Ra3.2 的要求。

注意： 此面增加了垂直度要求。加工时，垂直度、平面度要及时测量，综合判断误差情况，正确修整。因为第二面也是另一个基准面，故垂直度与平面度也应高于图纸要求，余量去除也应控制在 0.5 mm 左右。为了避免夹伤已加工好的表面，钳口上应垫上钳口铁。

问题 2： 垂直度有哪几种误差情况，是怎样造成的？

（4）加工第三面，并保证尺寸（20±0.1）mm、平行度 0.15 mm，同时达到垂直度 0.05 mm、平面度 0.04 mm、粗糙度 Ra3.2 的要求。

注意： 此面增加了尺寸及平行度要求，加工时要控制好加工余量，并分粗加工、半精加工及精加工，同时保证垂直度与平面度误差。即：尺寸在 20.5 mm 之前用粗板锉（300 mm、1 号）进行粗加工，保证一定的垂直度、平面度误差；当尺寸在 20.5～20.1 mm 之间时用中粗板锉（200 mm、1 号）进行半精加工，同时保证平行度、垂直度与平面度误差；最后用细板锉（150 mm、2 号）进行精加工，保证粗糙度，同时测量尺寸、平行度、垂直度、平面度误差状况。

（5）加工端面，并与第一、二面垂直，且垂直度小于 0.05 mm、平面度小于 0.04 mm。

注意： 此面较小，导向不好，垂直度与平面度误差较难控制，加工时要多测量，综合判断误差状况，及时修整。

（6）以端面和第一面为基准划出锤头外形的加工界线，并用锯削方法去除余量，如图 2.9.4 所示。

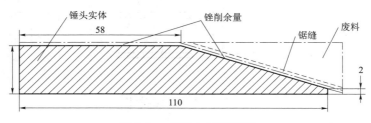

图 2.9.4　锤头加工界限图

注意： 用高度尺划线，尺寸要准确，线划完成后要检查是否正确。锯削时留 1～1.5 mm 加工余量，及时观察锯缝歪斜情况，切勿锯入锤头实体。

（7）加工第四面，并保证尺寸（20±0.1）mm、平行度 0.15 mm，同时达到垂直度 0.05 mm、平面度 0.04 mm、粗糙度 $Ra3.2$ 的要求。

注意： 如同第（4）步骤，但还要注意垂直度的累积误差。

（8）加工总长，保证尺寸为（110±0.2）mm。

（9）加工斜面，使尺寸分别为 58 mm、2 mm，还要保证垂直度 0.04 mm、平面度 0.04 mm 及粗糙度 $Ra3.2$ 的要求。

注意： 此面尺寸不好测量，由于它的要求是按 GB/T 1804-m 加工，所以加工前先划出斜面与另外两个面的交线，最后加工到与交线相交即可。

（10）按图样要求划出 4 个 2 mm×45° 倒角和 4 个 $R2$ 的弧形加工界线，先用圆锉加工出 $R2$，后用板锉加工出 2 mm×45°，倒角，并连接圆滑。

注意： 由于此处在 45° 方向加工，操作时锉刀容易横向移动，损伤棱角，故起锉时应与工件形成一定角度，同时还要注意 $R2$ 与 2 mm×45° 倒角连接处的过渡圆滑。

（11）按图样要求划出螺纹孔的加工位置线（见图 2.9.5），钻孔为 $\phi 10.5$ mm、孔口倒角 1.5 mm×45°，再攻丝 M12。

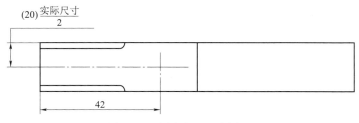

图 2.9.5　锤头螺纹孔划线图

问题 3： 怎样确定普通三角螺纹底孔直径？

普通三角螺纹底孔直径的经验计算式如下：

脆性材料：
$$D_{底}=D-1.05P$$

韧性材料：
$$D_{底}=D-P$$

式中：　$D_{底}$——底孔直径，mm；

　　　　D——螺纹大径，mm；

　　　　P——螺距，mm。

螺纹孔加工的位置要正确，且保证丝锥中心线与孔中心线重合。具体操作方法如下：

① 划线敲样冲，检查样冲眼是否敲正；

② 钻 ϕ 3 mm 深 2 mm 的定位孔，检查孔距是否达到要求；

③ 钻孔 ϕ 10.5 mm，孔口倒角 1.5 mm×45°；

④ 攻丝 M12 螺纹孔，为了保证丝锥中心线与孔中心线重合，攻丝前可在钻床上先起丝，再攻丝。

（12）全部精度复检，进行必要的修整，并去毛刺，锐角倒钝。

5. 教学评价

本项目制作完工的零件如图 2.9.6 所示，参照表 2.9.1 对本项目的教学实做效果进行评价。

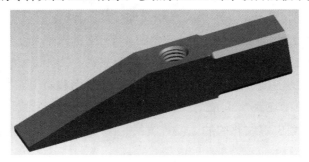

图 2.9.6　锤头实物图

表 2.9.1　锤头制作评分表

总得分：

序号	项目与技术要求	测量工具	实测记录	配分	得分
1	（20±0.1）mm（2 处）	游标卡尺		12	
2	（110±0.2）mm	游标卡尺		4	
3	58 mm	游标卡尺		3	
4	30 mm	游标卡尺		3	
5	（42±0.2）mm	游标卡尺		5	
6	2 mm	游标卡尺		2	
7	M12 正确			4	
8	平面度（6 处）	刀口尺		18	
9	垂直度（4 处）	直角尺		16	
10	平行度（2 处）	游标卡尺		10	
11	锉纹整齐一致（6 处）	目测		6	
12	$R2$ 连接圆滑，无楞角（4 处）	目测		12	
13	安全文明生产			5	

6. 项目小结

　　本项目是对我们前阶段实习的基本技能的一次综合性应用和检验。工件在加工过程中，每一个加工面的要求不同，导致出现的问题也不同。因此，工件加工时应注意，一个面加工完毕后，再加工下一个面，并及时检测，综合判断误差情况，正确修整，积累经验。同时要脚踏实地，克服急躁心理，并具有吃苦耐劳的精神。

附录 A　实习报告

实习报告

班级		姓名		时间	
实习目的					
实习的工具及设备					
实习内容					
实习步骤					
实习心得					